第二次青藏高原综合科学考察研究丛书

西藏阿里地区
阿汝冰崩科学考察研究报告

邬光剑　姚檀栋　等　著

科学出版社
北　京

内 容 简 介

本书通过野外考察数据和遥感影像资料，对2016年7月和9月发生在西藏阿里地区的两次阿汝冰川冰崩事件进行了考察研究，阐明了冰崩的基本特征，分析了冰崩发生的原因，并提出了冰崩科学预警的构架计划。本书还详细介绍了目前冰崩的研究方法，阿汝冰崩实地考察过程，新方法、新技术（地震仪和连续GPS）在冰川监测中的应用等。本报告共分8章，内容翔实，图文并茂，并附有科考日志。

本书作为第二次青藏高原综合科学考察研究中专题科学考察的成果，可供冰川、灾害、自然地理等方面的科研和教学人员参考使用，也可供相关地方生产建设部门使用。

审图号：藏S(2021)016号

图书在版编目（CIP）数据

西藏阿里地区阿汝冰崩科学考察研究报告 / 邬光剑等著. —北京：科学出版社，2021.9

（第二次青藏高原综合科学考察研究丛书）

国家出版基金项目

ISBN 978-7-03-069641-0

Ⅰ. ①西… Ⅱ. ①邬… Ⅲ. ①冰川–自然灾害–科学考察–研究报告–阿里地区 Ⅳ. ①P343.6

中国版本图书馆CIP数据核字（2021）第175117号

责任编辑：石 珺 朱 丽 赵 晶 / 责任校对：樊雅琼

责任印制：肖 兴 / 封面设计：吴霞暖

科学出版社 出版

北京东黄城根北街16号

邮政编码：100717

http://www.sciencep.com

北京汇瑞嘉合文化发展有限公司 印刷

科学出版社发行 各地新华书店经销

*

2021年9月第 一 版 开本：787×1092 1/16

2021年9月第一次印刷 印张：12

字数：285 000

定价：168.00元

（如有印装质量问题，我社负责调换）

“第二次青藏高原综合科学考察研究丛书”

指导委员会

“第二次青藏高原综合科学考察研究丛书”
编辑委员会

第二次青藏高原综合科学考察队
阿汝冰崩考察分队部分队员名单

姓名	职称	工作单位
姚檀栋	第二次青藏科考队队长	中国科学院青藏高原研究所
邬光剑	分队长	中国科学院青藏高原研究所
赵华标	执行分队长	中国科学院青藏高原研究所
Lonnie Thompson	队员	美国俄亥俄州立大学
Adrien Gilbert	队员	挪威奥斯陆大学
胡文涛	队员	中国科学院青藏高原研究所
何建坤	队员	中国科学院青藏高原研究所
裴顺平	队员	中国科学院青藏高原研究所
朱美林	队员	中国科学院青藏高原研究所
杨　威	队员	中国科学院青藏高原研究所
李生海	队员	中国科学院青藏高原研究所
张国庆	队员	中国科学院青藏高原研究所
类延斌	队员	中国科学院青藏高原研究所
安宝晟	队员	中国科学院青藏高原研究所
王伟财	队员	中国科学院青藏高原研究所
高　杨	队员	中国科学院青藏高原研究所
赵　平	队员	中国科学院青藏高原研究所
杨丹丹	队员	中国科学院青藏高原研究所
朱　飞	队员	中国科学院青藏高原研究所
张永亮	队员	中国科学院西北生态环境资源研究院
王卫民	队员	中国科学院青藏高原研究所
王信国	队员	中国科学院青藏高原研究所

张小龙	队员	中国科学院青藏高原研究所
张　飞	队员	中国科学院青藏高原研究所
李良波	队员	中国科学院青藏高原研究所
洛桑旺堆	队员	西藏自治区水文水资源勘测局
徐　阳	队员	中国科学院青藏高原研究所
曾雪真	队员	中国科学院青藏高原研究所
孙　永	队员	中国科学院青藏高原研究所
王　盛	队员	中国科学院青藏高原研究所
王　平	队员	中国科学院青藏高原研究所
孙　权	队员	中国科学院青藏高原研究所
潘正洋	队员	中国科学院青藏高原研究所
林晓光	队员	中国科学院青藏高原研究所
王　洵	队员	中国科学院青藏高原研究所
薛晓添	队员	中国科学院青藏高原研究所
刘雁冰	队员	中国科学院青藏高原研究所

丛书序一

青藏高原是地球上最年轻、海拔最高、面积最大的高原，西起帕米尔高原和兴都库什、东到横断山脉，北起昆仑山和祁连山、南至喜马拉雅山区，高原面海拔达4500米上下，是地球上最独特的地质–地理单元，是开展地球演化、圈层相互作用及人地关系研究的天然实验室。

鉴于青藏高原区位的特殊性和重要性，新中国成立以来，在我国重大科技规划中，青藏高原持续被列为重点关注区域。《1956—1967年科学技术发展远景规划》《1963—1972年科学技术发展规划纲要》《1978—1985年全国科学技术发展规划纲要》等规划中都列入针对青藏高原的相关任务。1971年，周恩来总理主持召开全国科学技术工作会议，制订了基础研究八年科技发展规划（1972—1980年），青藏高原科学考察是五个核心内容之一，从而拉开了第一次大规模青藏高原综合科学考察研究的序幕。经过近20年的不懈努力，第一次青藏综合科考全面完成了250多万平方千米的考察，产出了近100部专著和论文集，成果荣获了1987年国家自然科学奖一等奖，在推动区域经济建设和社会发展、巩固国防边防和国家西部大开发战略的实施中发挥了不可替代的作用。

自第一次青藏综合科考开展以来的近50年，青藏高原自然与社会环境发生了重大变化，气候变暖幅度是同期全球平均值的两倍，青藏高原生态环境和水循环格局发生了显著变化，如冰川退缩、冻土退化、冰湖溃决、冰崩、草地退化、泥石流频发，严重影响了人类生存环境和经济社会的发展。青藏高原还是“一带一路”环境变化的核心驱动区，将对“一带一路”沿线20多个国家和30多亿人口的生存与发展带来影响。

2017年8月19日，第二次青藏高原综合科学考察研究启动，习近平总书记发来贺信，指出“青藏高原是世界屋脊、亚洲水塔，是地球第三极，是我国重要的生态安全屏障、战略资源储备基地，是中华民族特色文化的重要保护地”，要求第二次青藏高原综合科学考察研究要“聚焦水、生态、人类活动，着力解决青藏高原资源环境承载力、灾害风险、绿色发展途径等方面的问题，为守护好世界上最后一方净土、建设美丽的青藏高原作出新贡献，让青藏高原各族群众生活更加幸福安康”。习近平总书记的贺信传达了党中央对青藏高原可持续发展和建设国家生态保护屏障的战略方针。

第二次青藏综合科考将围绕青藏高原地球系统变化及其影响这一关键科学问题，开展西风–季风协同作用及其影响、亚洲水塔动态变化与影响、生态系统与生态安全、生态安全屏障功能与优化体系、生物多样性保护与可持续利用、人类活动与生存环境安全、高原生长与演化、资源能源现状与远景评估、地质环境与灾害、区域绿色发展途径等10大科学问题的研究，以服务国家战略需求和区域可持续发展。

“第二次青藏高原综合科学考察研究丛书”将系统展示科考成果，从多角度综合反映过去50年来青藏高原环境变化的过程、机制及其对人类社会的影响。相信第二次青藏综合科考将继续发扬老一辈科学家艰苦奋斗、团结奋进、勇攀高峰的精神，不忘初心，砥砺前行，为守护好世界上最后一方净土、建设美丽的青藏高原作出新的更大贡献！

孙鸿烈

第一次青藏科考队队长

丛书序二

青藏高原及其周边山地作为地球第三极矗立在北半球，同南极和北极一样既是全球变化的发动机，又是全球变化的放大器。2000年前人们就认识到青藏高原北缘昆仑山的重要性，公元18世纪人们就发现珠穆朗玛峰的存在，19世纪以来，人们对青藏高原的科考水平不断从一个高度推向另一个高度。随着人类远足能力的不断加强，逐梦三极的科考日益频繁。虽然青藏高原科考长期以来一直在通过不同的方式在不同的地区进行着，但对于整个青藏高原的综合科考迄今只有两次。第一次是20世纪70年代开始的第一次青藏科考。这次科考在地学与生物学等科学领域取得了一系列重大成果，奠定了青藏高原科学研究的基础，为推动社会发展、国防安全和西部大开发提供了重要科学依据。第二次是刚刚开始的第二次青藏科考。第二次青藏科考最初是从区域发展和国家需求层面提出来的，后来成为科学家的共同行动。中国科学院的A类先导专项率先支持启动了第二次青藏科考。刚刚启动的国家专项支持，使得第二次青藏科考有了广度和深度的提升。

习近平总书记高度关怀第二次青藏科考，在2017年8月19日第二次青藏科考启动之际，专门给科考队发来贺信，作出重要指示，以高屋建瓴的战略胸怀和俯瞰全球的国际视野，深刻阐述了青藏高原环境变化研究的重要性，要求第二次青藏科考队聚焦水、生态、人类活动，揭示青藏高原环境变化机理，为生态屏障优化和亚洲水塔安全、美丽青藏高原建设作出贡献。殷切期望广大科考人员发扬老一辈科学家艰苦奋斗、团结奋进、勇攀高峰的精神，为守护好世界上最后一方净土顽强拼搏。这充分体现了习近平总书记的生态文明建设理念和绿色发展思想，是第二次青藏科考的基本遵循。

第二次青藏科考的目标是阐明过去环境变化规律，预估未来变化与影响，服务区域经济社会高质量发展，引领国际青藏高原研究，促进全球生态环境保护。为此，第二次青藏科考组织了10大任务和60多个专题，在亚洲水塔区、喜马拉雅区、横断山高山峡谷区、祁连山-阿尔金区、天山-帕米尔区等5大综合考察研究区的19个关键区，开展综合科学考察研究，强化野外观测研究体系布局、科考数据集成、新技术融合和灾害预警体系建设，产出科学考察研究报告、国际科学前沿文章、服务国家需求评估和咨询报告、科学传播产品四大体系的科考成果。

两次青藏综合科考有其相同的地方。表现在两次科考都具有学科齐全的特点，两次科考都有全国不同部门科学家广泛参与，两次科考都是国家专项支持。两次青藏综合科考也有其不同的地方。第一，两次科考的目标不一样：第一次科考是以科学发现为目标；第二次科考是以摸清变化和影响为目标。第二，两次科考的基础不一样：第一次青藏科考时青藏高原交通整体落后、技术手段普遍缺乏；第二次青藏科考时青藏高原交通四通八达，新技术、新手段、新方法日新月异。第三，两次科考的理念不一样：第一次科考的理念是不同学科考察研究的平行推进；第二次科考的理念是实现多学科交叉与融合和地球系统多圈层作用考察研究新突破。

“第二次青藏高原综合科学考察研究丛书”是第二次青藏科考成果四大产出体系的重要组成部分，是系统阐述青藏高原环境变化过程与机理、评估环境变化影响、提出科学应对方案的综合文库。希望丛书的出版能全方位展示青藏高原科学考察研究的新成果和地球系统科学研究的新进展，能为推动青藏高原环境保护和可持续发展、推进国家生态文明建设、促进全球生态环境保护做出应有的贡献。

姚檀栋

姚檀栋

第二次青藏科考队队长

前　言

2016年，西藏阿里地区阿汝错流域的冰川发生了两次特大型冰崩灾害事件（以下简称阿汝冰崩），引起学术界的高度重视。冰崩发生后，中国科学家在第一时间与*Nature*、*Science*等国际权威科学期刊的编辑、记者沟通，阐述了对这次冰崩的科学认识和观点，认为这次冰崩是“极为罕见”的冰川灾害事件。*Nature*期刊以《致命的巨大冰崩让科学家困惑不解》为题报道了这次冰崩事件；*Science*期刊以《冰川快速崩塌的科学之谜》为题刊发了快讯。美国国家航空航天局（National Aeronautics and Space Administration，NASA）、欧洲航天局（European Space Agency，ESA）等国际著名的研究机构也都对这次冰川事件进行了报道。

阿汝冰崩是青藏高原的一种新型冰川灾害。阿汝冰崩是冰川运动的一种特殊形式，为研究全球气候变暖背景下青藏高原冰川的运动以及由此带来的环境风险提供了一个范例。冰崩对西藏生态环境和人民生命财产造成严重后果，也是当地社会发展的一个潜在危险。因此，有必要将冰崩作为新的切入点，研究全球变暖影响下的青藏高原冰川变化及其灾害效应。这将是第三极地区地球系统多圈层相互作用研究的重要方向，也是青藏高原环境变化研究的重要领域。对冰崩的考察研究，既有重要的科学意义，也有重要的社会意义。

第二次青藏高原综合科学考察研究队十分重视冰崩灾害事件，立即启动了相关工作，中国科学院青藏高原研究所和青藏高原地球科学卓越创新中心也把这次冰崩事件作为一项重大任务。在灾害发生之后，第二次青藏高原综合科学考察研究队队长（首席科学家）姚檀栋院士在第一时间召集科研人员和相关部门工作人员进行了讨论，并迅速组建科考分队，前往冰崩地点进行实地考察。阿汝冰崩考察研究，目标是揭示冰崩发生的原因和机理，并实现冰崩预警服务地方需求。

通过多次野外实地考察、室内遥感资料的分析和冰川运动的模拟，特别是新方法和新手段在冰崩考察研究中的应用，获得了阿汝冰崩的一些详细资料，并对其形成原因和机理进行了分析。本书是对阿汝冰崩考察研究阶段性成果的总结，包括阿汝地区冰川变化的一些基本特征、冰崩的表现形式、发生的原因和机制及与各种环境要素的关系、冰崩预警指标的确定，以及建立冰崩预警的框架计划。随着后续考察研究工作的开展，还将有更多、更新的成果，从而进一步揭示冰崩发生的机制，建立冰崩科学预警体系，为地方社会经济发展提供重要的科技支撑。

本书编写人员包括邬光剑、姚檀栋、胡文涛、何建坤、裴顺平、类延斌、高杨、杨威、赵华标、杨丹丹、朱美林、王伟财、安宝晟等，由邬光剑、姚檀栋统一汇总、修改和定稿。本书撰写过程中得到了诸多专家的指导，在此表示衷心感谢。由于时间有限，书中难免有疏漏和不足，敬请读者和同行专家批评指正。

邬光剑　姚檀栋

2021 年 6 月

摘　要

冰崩是指冰川冰体大规模突然坍塌现象，具有极强的破坏力。2016年7月17日和9月21日，西藏阿里地区阿汝错流域的冰川连续发生了两次冰崩事件（以下简称阿汝冰崩），造成严重的人员伤亡和财产损失，引起当地居民的担心，严重影响了当地的社会经济发展。这是青藏高原新出现的自然灾害现象，引起了国内外学术界和媒体的广泛关注。冰崩发生后，第二次青藏高原综合科学考察研究队和中国科学院青藏高原研究所（以下简称青藏所）十分重视这一新型灾害现象，迅速启动了阿汝冰崩应急科考，组建了冰崩专题科考队，对冰崩进行了多次现场考察和研究，结合遥感影像资料，对阿汝冰崩的基本特征、发生原因进行深入分析。时任国务院副总理刘延东对阿汝冰崩作出了重要指示，希望建立冰崩科学预警体系，服务地方。

冰川的不稳定性导致冰川在重力作用下突然垮塌。在阿汝冰崩考察中，我们应用了冰川运动学和冰震学的新技术新手段，首次在青藏高原进行冰川运动的连续GPS观测和冰震的短周期地震仪监测。考察发现，阿汝冰崩属于与地面具有低夹角的山谷冰川的大规模滑脱，冰川的主体发生崩塌，在源头发生断裂崩塌形成的碎冰带的面积超过原来冰川的面积。第一次冰崩的冰崩扇长5.7 km（从原来的冰川末端至阿汝错湖岸），宽2.4 km，面积9.4 km^2，总体积约0.7亿 m^3；第二次冰崩的冰崩扇长4.7 km，宽1.9 km，面积6.5 km^2，总体积约1亿 m^3。冰崩扇中含有大量的岩石和冰碛物等碎屑物质，降低了其反照率，使得冰崩扇强烈消融。

初步认为，阿汝冰崩的发生是近期气候变暖和降水增加以及当地特殊的地质地貌条件等因素的叠加而导致的，具有孕灾时间长、发生速度快、规模大、破坏力强的特点。热力模型模拟表明，冰川中部的冰–岩界面很可能是温性的（融化的），而在其他部分则是冷性的（冻结的），进而暗示阿汝冰川具有多温型结构。跃动似的行为、气候驱动下冰川表面的陡峭化、多温型的冰川结构、冰川的几何形态和坡度、2016年夏季强降水和冰川融水产生的液态水，都是导致阿汝冰崩发生的潜在原因，极有可能是上述因子在不同时空尺度上的共同作用导致了阿汝冰崩的发生。在这些因素中，多温型冰川结构、冰川地貌和基岩岩性是其中重要的基本因素。在 15 ～ 20 年的时间尺度上，温度升高和降水量增加的共同作用改变了冰川的几何形态和基底摩擦力，增大了冰川的坡度，增强了冰川基底的液态水注入量，在整体上增加了冰川的不稳定性。阿汝冰川前端的底部冻结在基岩上，使得冰川不能迅速调整自己的几何形状来适应应力和摩擦力的变化。冰川末端和边缘处的应力不断增加，直至达到并越过一个临界点，最终发生冰崩。上述对阿汝冰崩发生原因的解释在很大程度上还是模拟和推测的结果。随着考察研究的深入，我们将在冰芯和湖芯记录、冰川现代变化过程观测、冰川运动学观测、冰震学观测以及模型模拟的基础上，详细揭示冰崩发生的机制。

通过对冰崩遥感资料的回溯分析，发现阿汝冰崩冰川的冰层厚度和积累区的裂隙在冰崩发生前都出现了明显异常。冰川上部积累区冰层减薄，下部消融区增厚，使得物质和能量在冰川的中下部集聚；在冰崩发生前，积累区内冰川裂隙数量增加、规模增强。冰川厚度和裂隙变化能够作为冰崩潜在危险的有效预警指标，使得建立冰崩科学预警体系成为可能。根据这些预警指标，首先，对青藏高原的冰川进行普查，更大范围地开展冰川冰崩潜在危险的识别，进行冰崩的区域风险评估，确定具有潜在冰崩危险的冰川；然后，对这些冰川进行详查和监测，预测其可能发生的时间、方式和规模；最后，建立冰崩科学预警体系，将这些冰崩信息及时提交给地方政府，建立联合会商机制，为政府决策部门的预警发布、应对措施和灾后重建提供科技支撑。

目　录

第1章

国内外冰崩研究进展

冰崩是指冰川冰体大规模的突然坍塌现象，具有极强的破坏力，在全球中低纬地区的山地冰川都发生过。这一章，我们首先介绍冰崩的定义、国内外冰崩事件的发生历史和影响、冰崩的研究方法及研究进展等，供西藏阿汝冰崩考察研究借鉴。

1.1 冰崩定义及与冰川跃动的区别

冰崩（ice avalanche）指冰川上大块冰体甚至整条冰川在重力作用下突然崩落，是一种灾害性的自然现象。冰崩大多发生在陡峭冰川的末端和悬冰川（与地平面夹角大于30°）。造成冰崩的原因主要包括地形、大气和冰温状况，以及基岩的不稳定性或地震活动等。冰崩导致冰崩扇堆积，进而堵塞河流，造成冰湖溃决，危及当地居民的生命财产安全。

冰川跃动（glacier surges）是冰川不稳定性的另一种特殊的表现形式，即冰川的大片区域以每天数十米乃至上百米的速度高速流动，并持续数周甚至几年。冰川跃动是一种周期性的冰川运动形式（Meier and Post，1969；Dunes et al.，2015）。冰川跃动产生的重要条件是基岩摩擦力的减小，而造成该结果的因素包括异常高的水压、热力状态的改变以及冰下冰碛土流动性对于逐渐增强的剪应力和渗水的复杂响应。已经在全球发现了大量的跃动型冰川，包括青藏高原。

冰崩与冰川跃动是不同的自然现象，具有不同的定义。在冰川学科专著《冰冻圈科学辞典》中列出了“冰崩”一词，其定义为“在重力作用下冰川冰从冰川陡峻处或冰架边缘处崩落的现象”。该辞典中，对“冰川跃动”一词定义为“冰川末端在保持了较长时间相对稳定后，在短时间内突然出现的异常快速前进现象”。在国外冰川学家Cuffey和Paterson的专著*The Physics of Glaciers*第四版中，单独设置了*Glacier Surges*一章（第12章），并在这一章中单独开辟了一节*Ice Avalanche*，专门说明冰崩与冰川跃动是不同的。冰川跃动具有周期性且运动相对缓慢，但冰崩则是冰川大部分冰体（超过50%）在短时间内迅速崩塌。本书中，笔者认为需要对冰崩进行专门研究，于是特别分析了2002年发生在高加索山脉的Kolka冰崩。

从中英文对照来看，snow avalanche对应“雪崩”，那么ice avalanche就自然对应“冰崩”。冰崩的英文表达，有的学者用“avalanche”，也有学者用“collapse”。

1.2 国内外冰崩灾害历史记录

全球高海拔冰川分布区均发生过冰崩灾害，如阿尔卑斯山脉的Allalin冰崩、安第斯山脉的Huascaran冰崩、高加索山脉的Kolka-Karmadon冰崩等。这些冰崩对当地的生态环境造成了严重破坏，也给当地居民的生命财产造成了巨大损失。

1.2.1 瑞士阿尔卑斯山脉 Allalin 冰崩

1965年8月30日，瑞士阿尔卑斯山的Allalin冰川发生冰崩（图1.1），冰崩体的

体积为 2.0×10^6 m^3，斜面坡度为 27°，滑坠的垂直高度达到 400 m，并造成下游修建 Mattmark 大坝的 88 名建筑工人死亡。此次事件之后，该区对外关闭。在时隔 35 年后的 2000 年 7 月 1 日，在这一区域再次发生了冰崩事件，冰崩体的体积超过 1×10^6 m^3，但并未造成人员伤亡（Faillettaz et al.，2012）。此次冰崩发生的原因还不明确。

图 1.1　1965 年 Allalin 冰川冰崩前（a）与冰崩后（b）对比（Faillettaz et al.，2012）

1.2.2　秘鲁安第斯山脉 Huascaran 冰崩

20 世纪下半叶，在秘鲁安第斯山脉 Nevados Huascaran 地区发生了两次冰崩灾害。1962 年 1 月 10 日，发育在秘鲁 Nevados Huascaran 山上的冰川突然断裂，体积约为 13×10^6 m^3 的冰体涌入下游的村庄，在短短的 7min 内运动了 15 km，瞬间摧毁了 9 个村镇，遇难人数超过 4000 人（Plafker et al.，1978）。1970 年 5 月 31 日，秘鲁 7.7 级大地震再次触发了 Nevados Huascaran 冰崩（图 1.2），511 号冰川的冰崩体宽达 800 m，裹挟着

图 1.2　1970 年 Huascaran 冰崩现场的倾斜鸟瞰图（Plafker and Ericksen，1978）

50×10^6 m^3 的冰体奔涌而下，以 280 ～ 335 km/h 的速度移动了约 17 km，直接掩埋了下游的一座城镇，造成约 25000 名居民遇难 (Ericksen et al.，1970)。这两次冰崩都是由地震诱发的。

1.2.3 高加索山脉 Kolka-Karmadon 冰崩

2002 年 9 月 20 日，高加索地区的 Kolka-Karmadon 发生冰崩（图 1.3)，Kazbek 北坡的冰川在海拔 4780 m 处断裂，厚达 140 m 的冰体以 180 km/h 的速度向下移动了 18 km，同时形成了长达 15 km 的泥石流流通区，彻底摧毁了沿途的村庄，超过 120 人遇难。冰崩后堆积的冰体宽 200 m，厚度为 10 ～ 100 m，体积为 110×10^6 ～ 120×10^6 m^3。此次冰崩过程中，冰崩体脱离冰床，暴露出底部裸露的基岩，而且现场还出现了来源不明的硫化氢气体 (Klimes et al.，2009)。与全球发生过的冰崩相比，这次冰崩的规模是史无前例的，引起了国际冰川学界的高度重视 (Kääb et al.，2003；Kotlyakov et al.，2004)。这次冰崩可能是由气候变化引起的。

图 1.3　2002 年高加索山脉 Kolka-Karmadon 冰崩现场 (Huggel et al.，2005)

1.2.4 帕米尔高原公格尔九别峰 Karayaylak 冰崩

2015 年 5 月，在新疆帕米尔高原的公格尔九别峰（克孜勒苏柯尔克孜自治州阿克陶县境内）的 Karayaylak 冰川（中国冰川编目：5Y663B25）发生跃动和冰崩（图 1.4)，冰崩体的长度约 20 km，平均宽度 1 km，体积约 5×10^8 m^3。这是一次冰川底部跃动与

图 1.4　2015 年 5 月 Karayaylak 冰崩的现场照片（Shangguan et al.，2016）

顶部冰崩并存的灾害事件（Shangguan et al.，2016）。此次冰崩没有造成人员伤亡，但周边 10 km^2 草场、上百头牲畜被掩埋，61 户牧民房屋受损，并在部分区域形成了堰塞湖。尽管没有记录表明该冰川曾经发生过跃动或冰崩，但在采访时，老年居民从父辈口传中记得约 100 年前一次冰川的前进导致冰湖溃决洪水（glacial lake outburst flood，GLOF）。

通过以上对全球历史上重大冰崩灾害发生记录的对比，可以发现 2016 年发生在西藏阿里地区的两次冰崩在青藏高原是史无前例的。对近十年（2007 ～ 2017 年）高亚洲地区的冰川灾害记录进行归纳和分析后（表 1.1）发现，两次阿汝冰崩绝非偶然事件，而极有可能是高亚洲地区冰川灾害的一次集中爆发的前奏。随着全球气候变暖的日益加剧，高亚洲地区冰川灾害发生次数趋频，规模不断扩大，受灾人数也不断增加，对当地生产生活的威胁和对自然环境带来的破坏也日益加剧。这些都反映出高亚洲地区冰川灾害尤其是冰崩灾害研究的迫切性和必要性。

表 1.1　近期高亚洲地区冰川灾害发生记录

灾害类型	地点	时间	规模与损失
冰川跃动	帕米尔高原 Karayaylak 冰川	2015 年 5 月	冰体规模达 5 亿 m^3，未造成人员伤亡
雪崩	巴基斯坦北部吉德拉尔地区	2007 年 3 ～ 4 月	该地区发生多起雪崩，造成房屋和村民被掩埋
	中国云南梅里雪山	2007 年 5 月	梅里雪山突发雪崩，造成一定程度的人员伤亡
	巴基斯坦 / 中国边境 K2 峰	2008 年 8 月	K2 峰顶发生雪崩，造成 11 人死亡
	阿富汗 Badakhshan 地区	2012 年 3 月	该次雪崩至少造成当地 37 人丧生
	尼泊尔 Manaslu 峰	2012 年 9 月	该次雪崩造成 11 名登山者遇难
	阿富汗 Nurestan 地区	2017 年 2 月	至少 100 人在此次雪崩丧生

续表

灾害类型	地点	时间	规模与损失
冰崩	克什米尔（巴基斯坦控）地区 Siachen 冰川	2012 年 4 月	Siachen 冰川崩塌，造成 138 名巴基斯坦士兵死亡
	中国青海阿尼玛卿雪山	2007 年 10 月 2016 年 10 月	阿尼玛卿雪山在 2004 ～ 2016 年爆发了三次冰崩灾害，在下游形成堰塞湖
	中国西藏阿汝错冰川群 53 号和 50 号冰川	2016 年 7 月 2016 年 9 月	该冰崩造成 9 人死亡，掩埋了数十平方千米的草场

1.3 冰川运动学和动力学研究实例

在地球的圈层构造中，冰川是介于大气圈和岩石圈间的一个重要而又十分特殊的圈层——冰冻圈的组成部分。冰川的物质组成主要是冰，它具有依赖于温度变化的多相态属性。在物理性质上，冰川物质的密度一般小于 1 g/cm^3，并且具有十分小的抗剪 (0.7 ～ 3.1 MPa) 和抗压 (5 ～ 25 MPa) 强度。在重力作用下，受冰–岩间叶理化滑移、冰体破裂（冰震）、冰体密实化和冰体塑性变形等的影响，冰川时刻处于运动状态，其运动速度可以从几厘米 / 年到几十米 / 天。受冰川运动的影响，一方面，冰体对其下覆冰床进行刨蚀和搬运，从而塑造出各种冰川地貌；另一方面，冰川运动使积累区的冰量得以输出，成为重要的水资源。自冰川学建立以来，科学家对冰川运动的观测研究从未间断过。

近 30 年来，随着空间对地观测技术的进步，应用 GPS 定位技术来观测冰川运动取得了重大进展 (Anderson et al.，2004；Kavanaugh et al.，2009；Walter et al.，2011；Bartholomew et al.，2012；Smith et al.，2015；Roeoesli et al.，2016)。这些高精度的冰川运动观测为探讨冰川稳态运动、跃动、崩塌等过程的动力学机制提供了重要的约束条件 (Riihimaki et al.，2005；Marshall et al.，2005；Hoffman and Price，2014；Mayaud et al.，2014；Hoffman et al.，2016)。冰川运动观测的主要进展有：①基于冰川高精度 GPS 运动观测，科学家发现了冰川表面的运动存在季节性变化 (Bingham et al.，2008；Bartholomew et al.，2010)；②认为导致冰川季节性运动变化的动力学机制主要与温度变化、冰川内部孔隙水运动、冰–岩接触带形态（如冰–岩冻结程度、冰–岩间物理化学性质等）等有关；③冰体温度、孔隙水压力、冰–岩接触带性质变化发展到某一临界值时，冰川将不再处于稳态，而是倾向于发生冰、冰–岩混合物的崩塌，即冰崩 (Senthil and Mahajan，2003；Huggel，2008；Schneider et al.，2010；Pudasaini，2014)。

研究者通过在阿拉斯加的 Bench 冰川上架设 5 台 GPS（图 1.5），连续进行了 60 天的观测，发现在稳态运动分量中明显叠加了冰川的瞬态运动 (Anderson et al.，2004)。对比冰川运动时序特征与温度、冰川末端径流等观测的结果，他们认为该冰川发生瞬

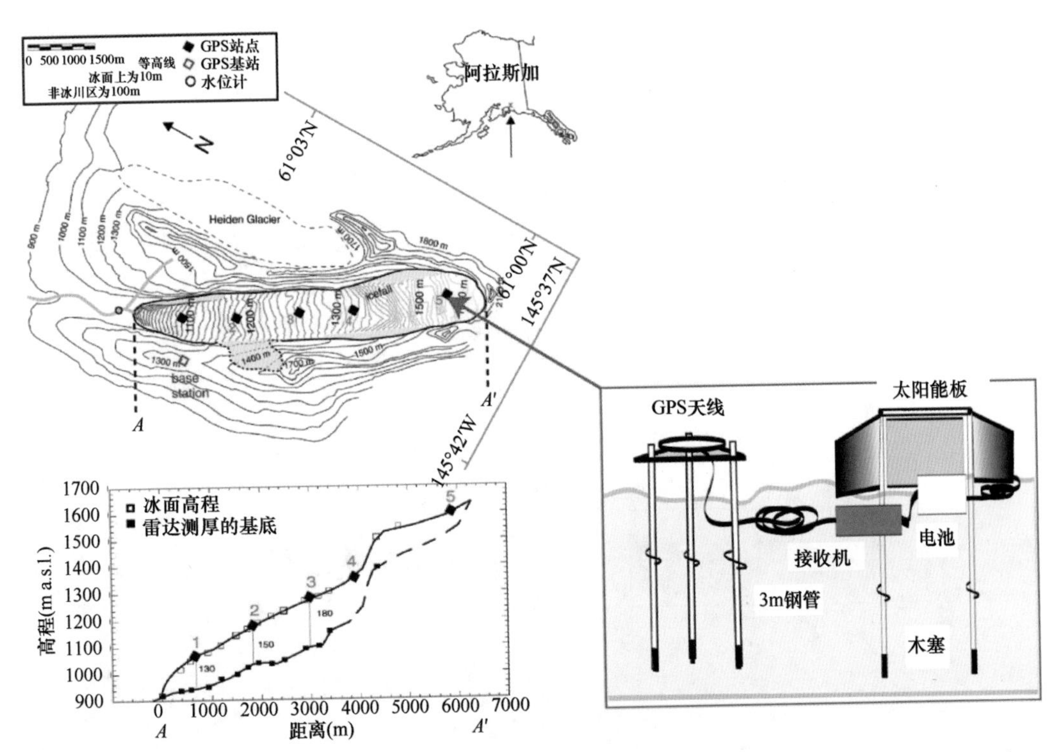

图 1.5　美国阿拉斯加 Bench 冰川表面 GPS 观测系统及其天线固定方法（Anderson et al.，2004）

态运动与气温升高（约 10 ℃）及由此导致的径流增加有密切联系（图 1.6）。

为了进一步解释冰川表面运动变化的机理，Carmichael 等（2015）对格陵兰冰盖一个同时发育冰川湖、冰川裂隙、冰川漏斗的典型地区开展了连续 GPS（continous GPS，cGPS）+ 地震仪 + 冰川湖径流 + 温度等的连续综合观测。通过约 1 个月的连续观测，发现冰川的运动由稳态分量和瞬态分量构成。更为重要的是，通过冰川表面多个物理量的联合观测，他们发现了冰川运动的瞬态分量主要受控于冰川破裂，并且破裂的发生与气温变化所导致的冰川径流变化强烈相关。

Walter 等（2011）通过对南极冰盖的调查，在 Whillans 冰平原两条冰川汇流部开展了 cGPS 和宽频带地震仪联合观测（图 1.7）。其详细、深入的研究结果挑战了早期认为该冰川运动的瞬态分量受控于某一冰裂隙内存在破裂障碍体（asperity）的观点，并认为其主要受控于两股冰川汇流处冰 – 岩界面的物理性质的变化（图 1.8）。通过估算冰 – 岩界面的摩擦强度，可以预测冰川瞬态运动分量发生的时间和位置。这一认识意义重大，它为监测冰川的灾害性事件（如冰崩）提供了重要的研究思路和技术途径。总之，冰川运动的连续变化特征以及其与不同物理量变化的相关关系，使得冰川学家可以从运动学角度，通过多物理量的约束来研究冰川形成、演化、消亡的动力学机制和塑造冰川地貌的方式，以及冰川灾害的诱发因素。

随着冰川运动观测研究和计算机科学的发展，冰川学家应用数值模拟手段（如有限差分、有限元等）来认识冰川的形成演化，以及冰川运动过程中一些次生灾害的

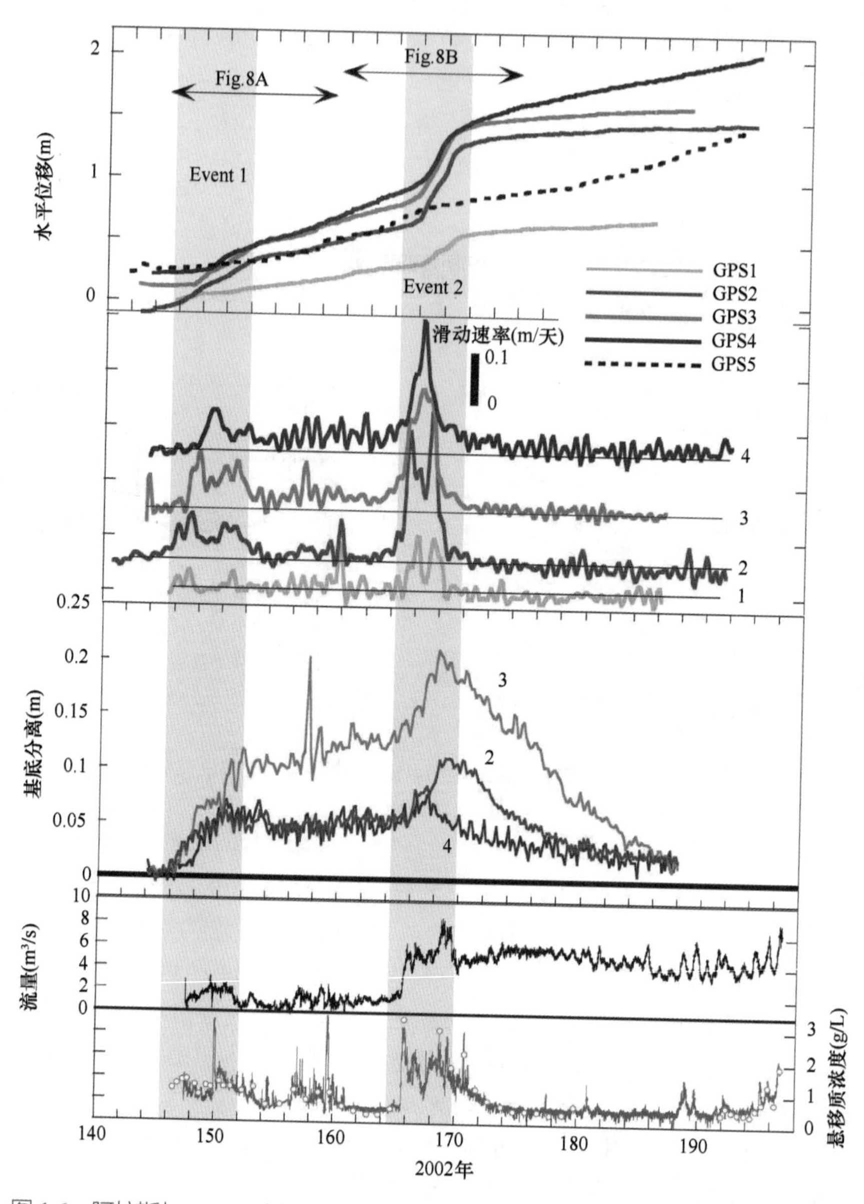

图 1.6　阿拉斯加 Bench 冰川位移与融水流量和悬移质浓度（Anderson et al.，2004）

潜在危险等（Johnson and Fastook，2002；Jouvet et al.，2011；Christen et al.，2010；Schneider et al.，2010；Pudasaini，2014；Hoffman and Price，2014）。Jouvet 等（2011）通过求解热 Stokes 联合方程，以瑞士阿尔卑斯山的 Rhonegletscher 冰川为例，模拟了特定地形条件下，不同气候情景（“冷”“暖”“当前”）下的冰川形成、发展、演化（图 1.9）。类似研究不仅对认识冰川的过去和现在的变化有重要的理论意义，同时对预测冰川未来的命运也有实际意义。

基于动力学数值模拟，当在模型中考虑复杂的多物理场耦合（冰体固体场 + 冰体

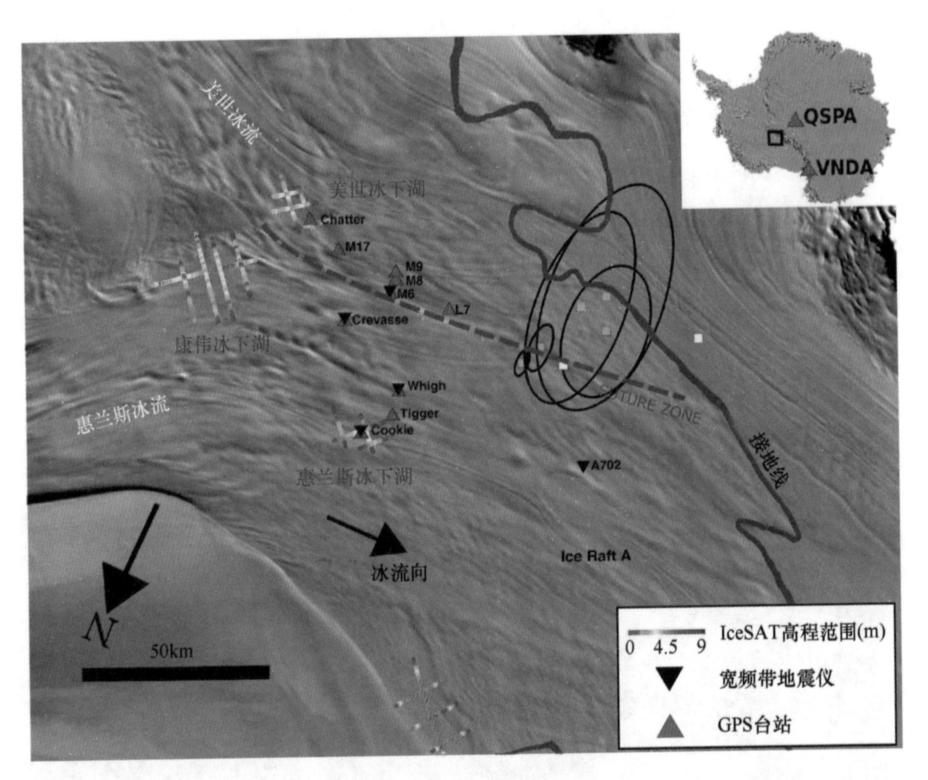

图 1.7　在南极冰盖 Whillans 冰平原两股冰流交汇处布设的 cGPS 观测系统（Walter et al.，2011）

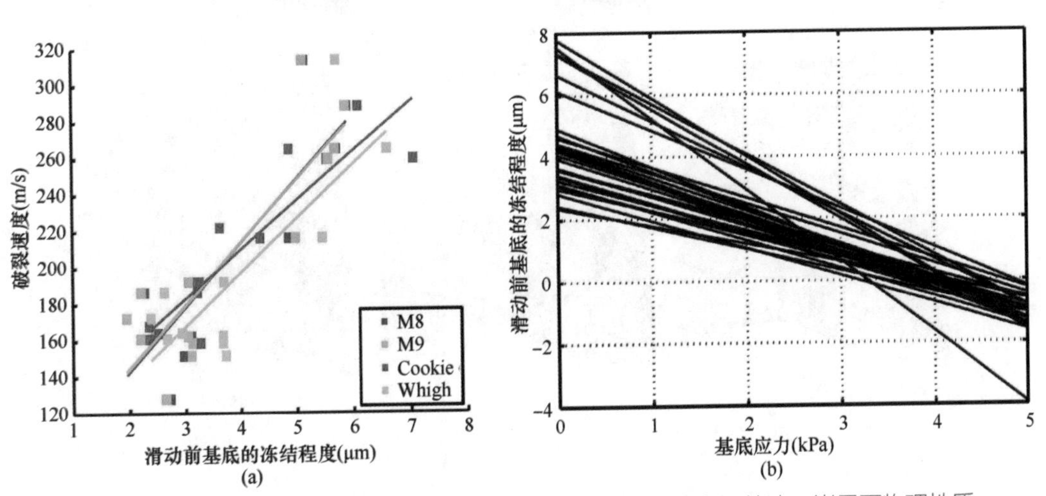

图 1.8　基于 cGPS 观测推测在南极冰盖 Whillans 冰平原冰流交汇处冰 – 岩界面物理性质（Walter et al.，2011）

图 (a) 小方块代表图 1.7 中的不同观测点数据

孔隙中流体场 + 冰 – 岩接触 + 热场）时，大型计算机可以模拟冰川在不同演化阶段冰的厚度、冰体孔隙压力、冰川表面速度等重要参数的时空演化规律（图 1.9）。这从冰川动力学机制上为解释大量观测到的现象提供了有利的理论基础。通过求解 Stokes 方

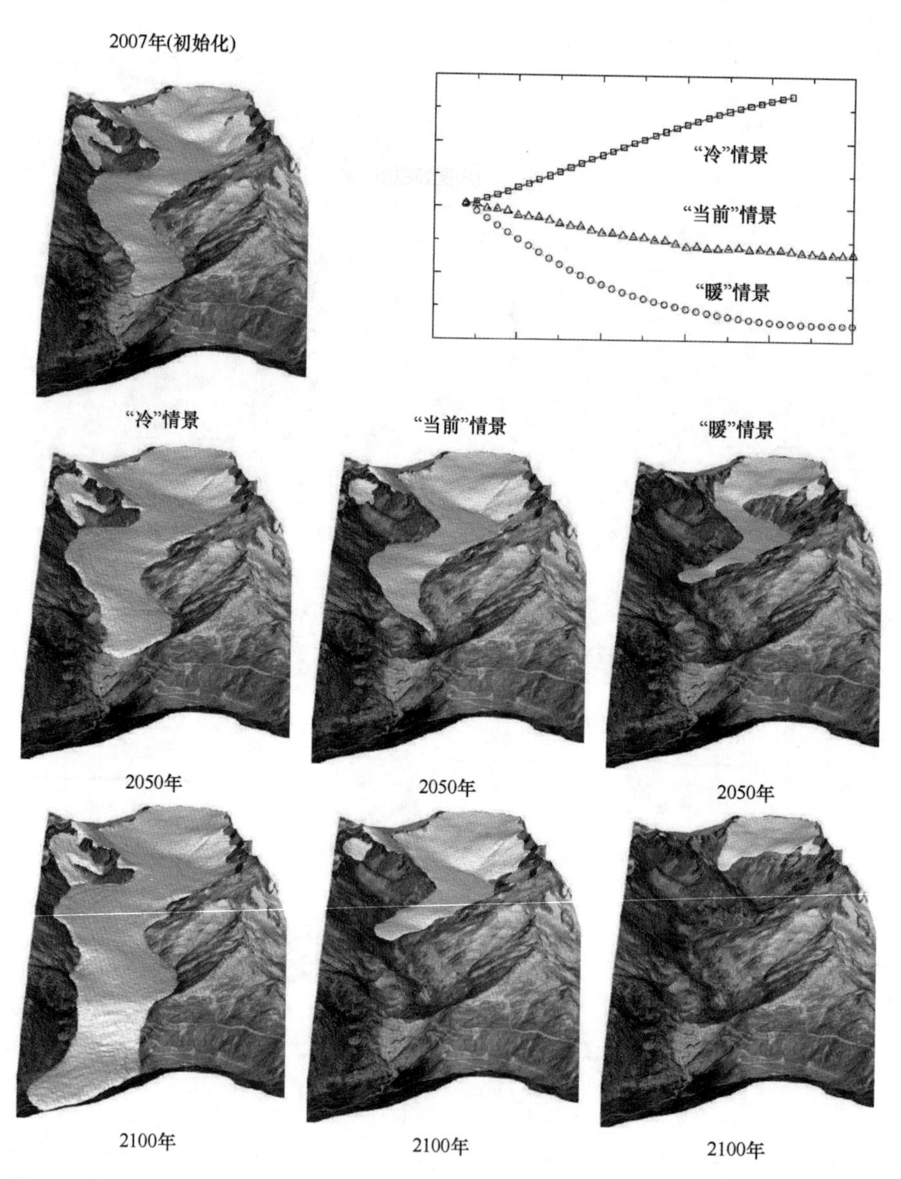

图 1.9　基于动力学模型，预测不同的气候情景下冰川的时空演化（Jouvet et al.，2011）

程瞬态问题（Schneider et al.，2010；Pudasaini，2014），现在已经可以模拟单条冰川发生重力失稳后导致冰崩的整个过程。将冰崩过程的模拟结果与冰体失稳准则（Lacroix and Amitrano，2013）相结合（图 1.10），就有可能对冰崩发生的位置、时间、速度、规模等重要参数作出预警性评价。

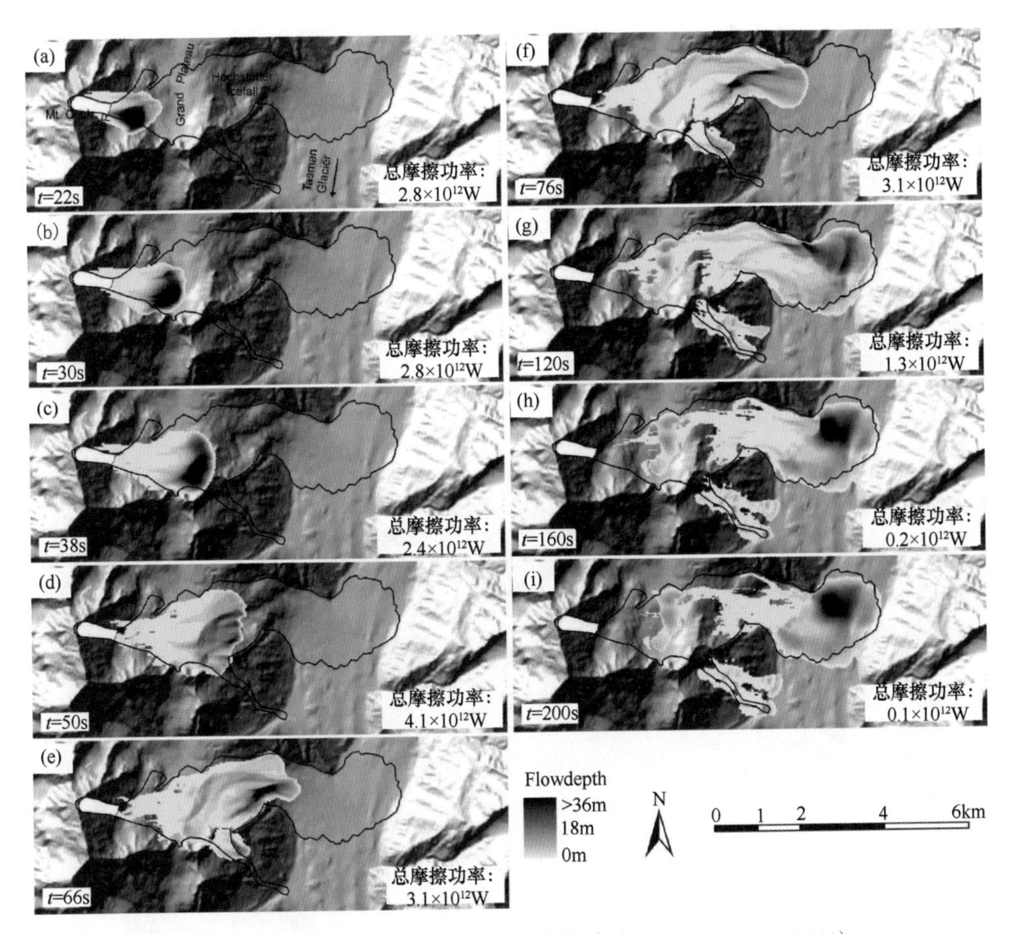

图 1.10　模拟冰崩时冰川物质的瞬态运动（Schneider et al.，2010）

1.4　冰震研究进展

造成冰崩的原因很多，如冰川的快速前进、冰床坡度剧烈增大、遇有陡坎、冰内融水以及地震等。近年来，对冰川内部震动（以下简称冰震）及其影响的研究迅速发展，国际著名地学期刊 *Reviews of Geophysics* 专门发表了以 *Cryoseismology*（《冰震学》）为题的评述文章。冰震指冰川和冰层的震动，包括从微小的嘎吱声到相当于 7 级地震的突发性破裂或滑动，这种破裂或滑动是由于冰川的非均匀运动或与岩石基底间的相对运动造成的。冰震也是导致冰崩发生的因素之一。全球气温变暖，冰川运动加速，冰震活动增强，导致冰崩发生的风险增加。

冰震和地震的原理相同，均为地下介质（冰和岩石）在应力作用下发生破坏失稳。冰震发生的原因相对比较简单（图 1.11），并且研究冰震比天然地震具有诸多优势：①冰川体规模介于实验室和天然地震之间，远大于实验室样品，更接近于天然地震；②冰震发生在非常浅的部位（通常只有几百米深），容易开展高精度定位观测，而天然地震通常发生在几千米到几百千米的深度；③冰川运动速度快（米 / 年的量级），冰震

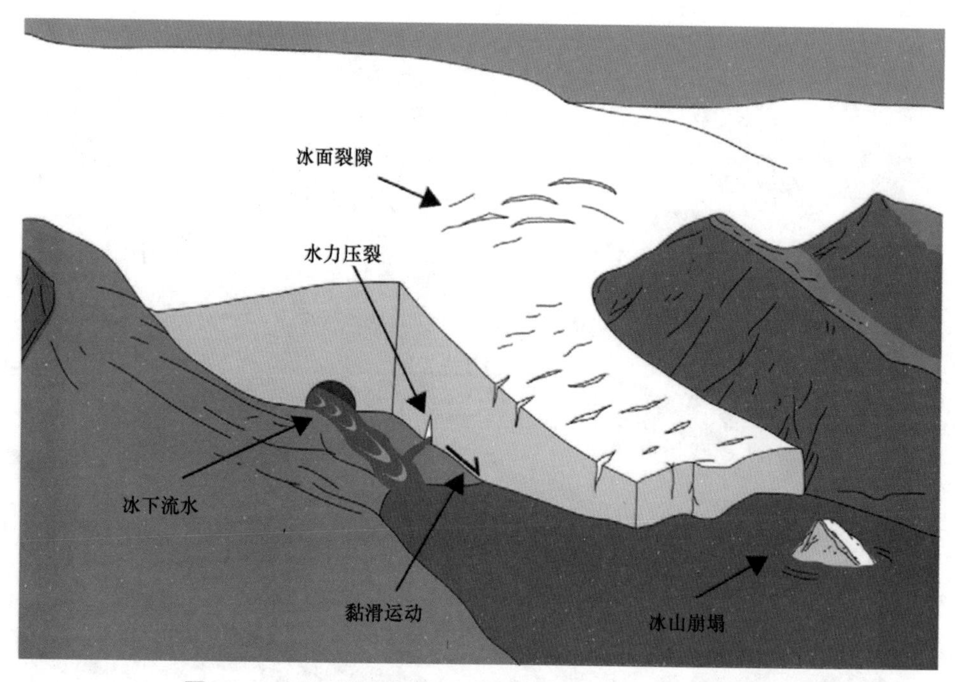

图 1.11 冰川不同来源的震动示意图（Larose et al.，2015）

复发周期比天然地震短很多，短期内可以在同一地点观测到多次冰震，获得整个冰震活动周期的信息；同时，冰川流动的地表形变也很容易观测，GPS 和激光地貌扫描等技术都能够精确地测定冰川形变。冰川运动与冰震研究的结合，可以从机制上解释冰崩的发生。通过研究冰震可以揭示天然地震的发生机制，有利于解决地震中的科学问题。

冰震研究在 20 世纪进展缓慢。2003 年，国际顶级期刊 *Science* 发表了一篇题名 *Glacial Earthquakes* 的文章（Ekström et al.，2003），极大地推动了冰震学研究，此后冰震研究论文数量急剧增加（Podolskiy and Walter，2016）（图 1.12）。但目前冰震研究大多集中在两极及其附近地区，尚未发现有关青藏高原冰川地震学的论文。青藏高原发育有大规模的冰川，并且邻近喜马拉雅地震带，在青藏高原开展冰震研究不仅比极地地区容易很多，而且可以同时进行地表形变和冰川内冰震的观测，其等同于超大型原位岩石压裂实验，非常有助于揭示天然地震的触发机制，比在南极研究冰震具有非常明显的优势。

冰震研究在观测上并不是十分困难，通过在冰面密集安装的宽频带地震仪记录到的地面震动信号就可以对冰震进行定位。图 1.13 展示了阿尔卑斯山冰川观测示例（Walter et al.，2009）。冰川流动过程中，不仅能产生较强的高频信号（图 1.14），在发生冰崩或慢速滑动过程中也能产生较强的低频信号（图 1.15）。短周期和宽频带地震仪相结合的方法能够以最经济的方式对冰震发生过程的高频和低频信号进行全覆盖和有效监测。冰震也是研究地震触发机制的热点方向。最新研究表明，南极冰盖在 2010 年 3 月发生超乎寻常的冰震，其同远在 3000 英里①之外的智利 8.8 级大地震之间存在

① 1 英里≈ 1.61km。

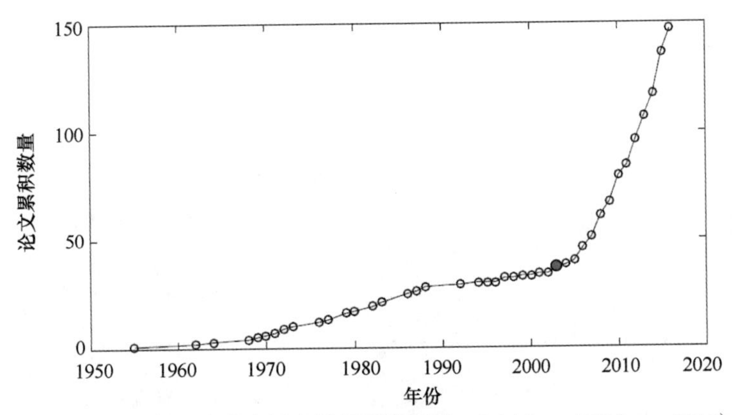

图 1.12　冰川地震学发表论文数量趋势图（Podolskiy and Walter，2016）

图中的红点是指 2003 年时发表的 *Glacial Earthquakes* 论文

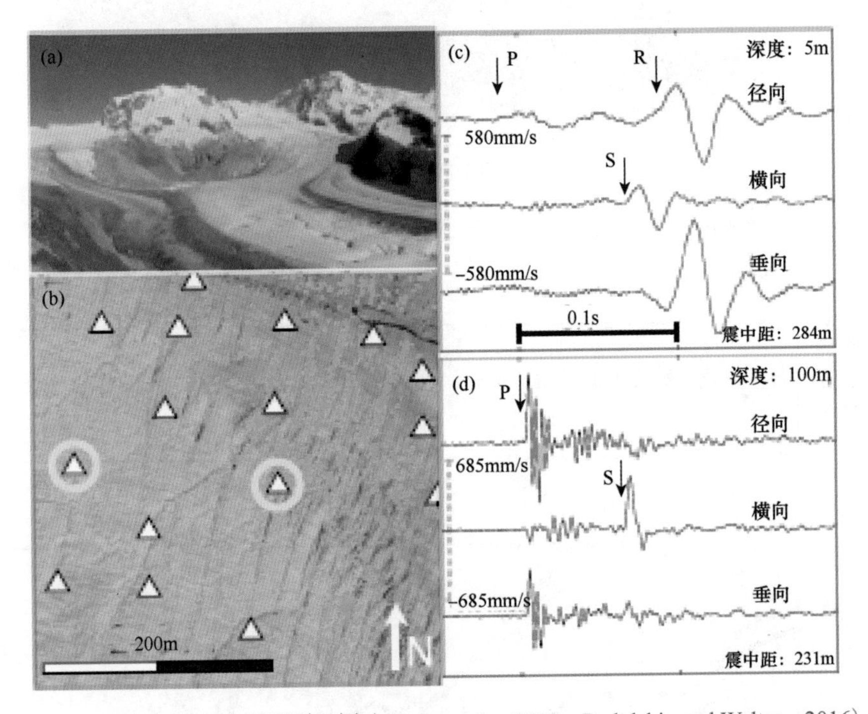

图 1.13　阿尔卑斯山冰川观测示例（Walter et al.，2009；Podolskiy and Walter，2016）

(a) 瑞士阿尔卑斯山 Gornergletscher 冰川；(b) 冰震发生位置（绿点）；(c) 近地表冰震波形；(d) 中深源冰震波形

密切联系（Peng et al.，2014），大多数冰震均发生在此次地震主震所产生的长周期面波通过时或通过之后；该冰震事件具有不同于构造活跃带的微地震的触发机制，冰震仅仅对垂直变形作用予以响应，而不像其他微地震那样对剪切变形也予以响应。该研究也表明，冰冻圈系统对远距离强地震的响应极其敏感。

另外，冰震研究还是研究地球系统各圈层之间相互作用的极佳结合点，包括：①冰冻圈与大气圈的相互作用，如温度、降水对冰震和冰川运动的影响及其季节性变化；②冰冻圈与岩石圈地表的相互作用，如冰川剥蚀作用中冰川与岩床摩擦破裂产生

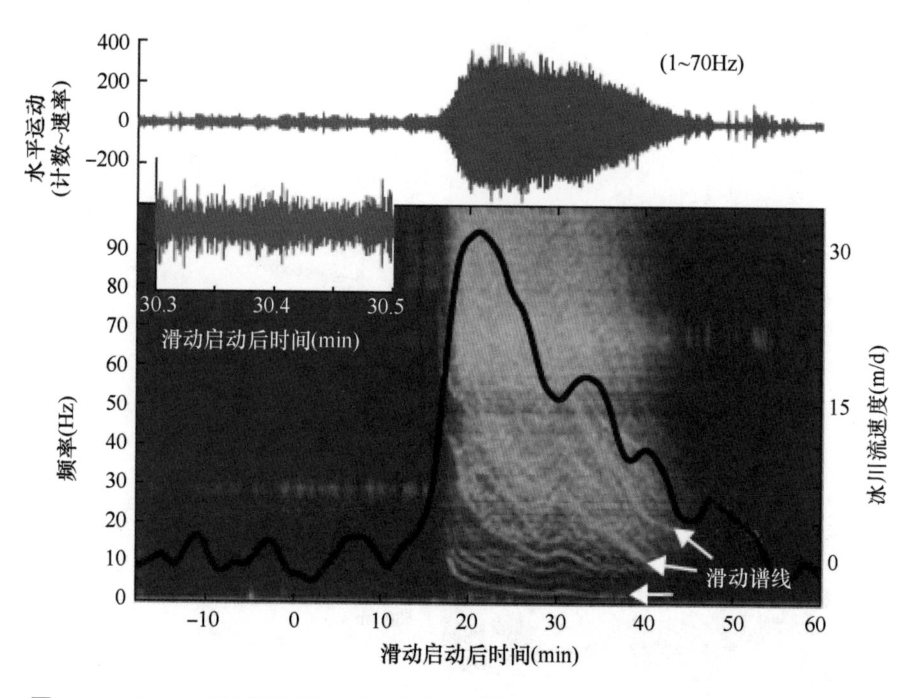

图 1.14　Whillans 冰川滑动产生的高频地震波信号及其频谱（Winberry et al.，2013）

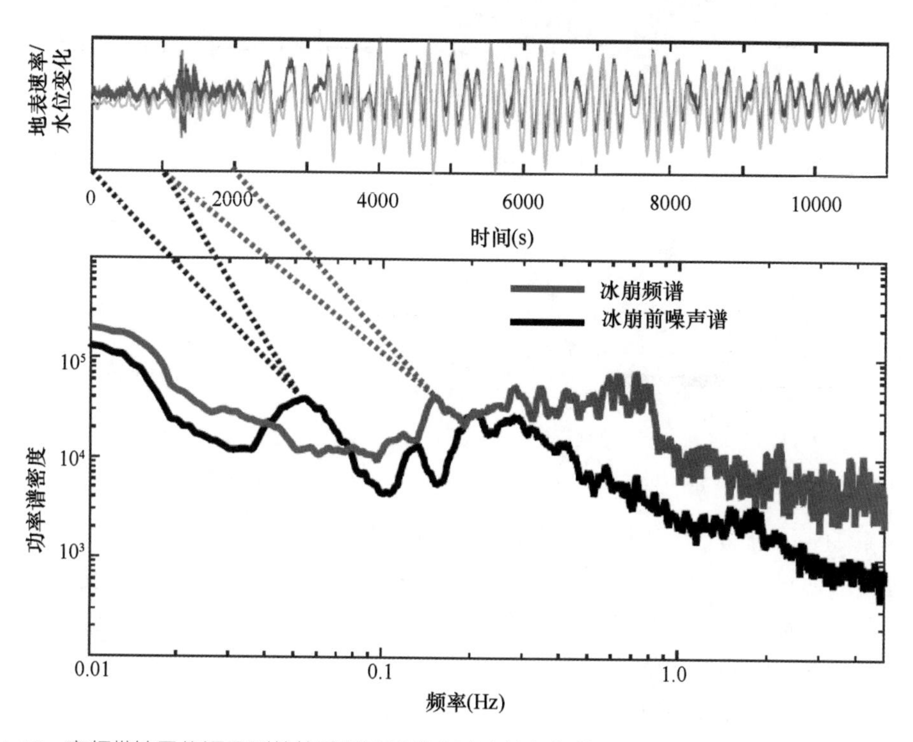

图 1.15　宽频带地震仪记录到的格陵兰冰川发生冰崩的低频信号及其频谱（Walter et al.，2013；Podolskiy and Walter，2016）

的冰震，摩擦升温产生的融水，固体潮汐对冰川运动和冰震的影响等。

1.5　遥感在冰崩研究中的应用

高山地区是地球上环境变化最为活跃的地区之一，有必要利用卫星遥感技术来监测高山地区地形的变化（姚檀栋等，2004），以获取环境动态变化资料。对于地处高纬度和高寒山区的冰冻圈灾害评估，因其灾害过程影响范围大、发生地点偏远且难以接近以及考虑到数据获取的时效性，所以遥感技术是十分有效的手段（Schweizer et al.，1998）。目前，遥感技术在冰冻圈灾害评估中得到了广泛应用：影像分类和变化检测技术为包括冰崩在内的冰冻圈灾害提供研究基础；数字地形模型（DTM）可以为冰冻圈内包括冰崩等各种灾害过程的物质移动、水文过程提供重要的数据；雷达和多时相数据可用于提取冰川裂隙以及不稳定坡面的变化（Salzmann et al.，2004）。有研究者建议，综合多种遥感技术来对冰冻圈冰崩等灾害过程的潜在威胁进行评估，能够一定程度上减少灾害带来的危害和造成的损失（Kääb et al.，2003）。

瑞士苏黎世大学 Huggel 等（2005）根据 QuickBird 卫星的全色波段和多光谱遥感影像，估算了 2002 年 9 月 20 日 Kolka 冰崩区域的冰体和岩石的体积（图 1.16）。

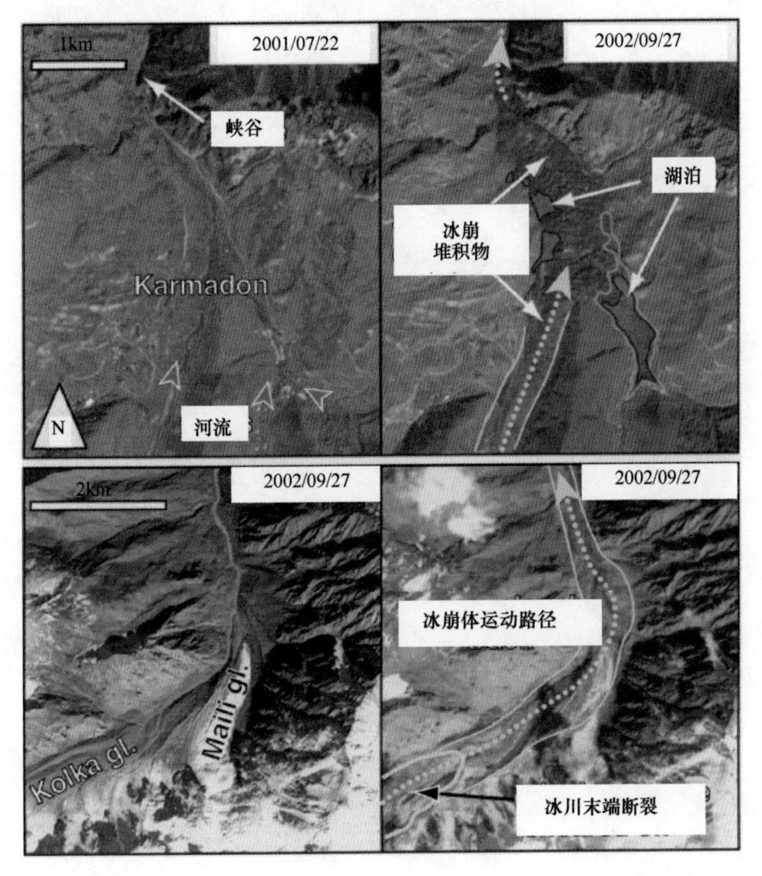

图 1.16　高加索北奥塞梯 Kolka-Karmadon 冰崩的遥感研究（ASTER 假彩色影像）（Kääb et al.，2003）

QuickBird 卫星是当时可以获取到遥感资料的分辨率最高的卫星，地面分辨率达到了0.6 m。Kääb 等（2003）也利用 ASTER 卫星遥感数据对 Kolka-Karmadon 冰崩进行了分析，通过提取的数字高程等数据，初步重建了此次冰崩的动力学过程。

2015 年 5 月，公格尔九别峰的 Karayaylak 冰崩发生后，中国科学家等利用 Landsat 8、高分 1 号以及 ZY-1-02C 等卫星不同时间拍摄的遥感影像，来分析 Karayaylak 冰川在冰崩前后的面积变化、裂隙生长、运动速度等要素（图 1.17）。其研究表明，冰崩发生前，该冰川西支在 2014 年 10 月 3 日～ 2015 年 4 月 13 日为静默期，冰川运动缓慢，之后冰川运动进入活动期，运动速度明显加快，并且通过对 2015 年 5 月 16 日高分 1 号卫星影像的目视解译，发现该冰川表面出现了多条横向的断裂带（Shangguan et al.，2016）。

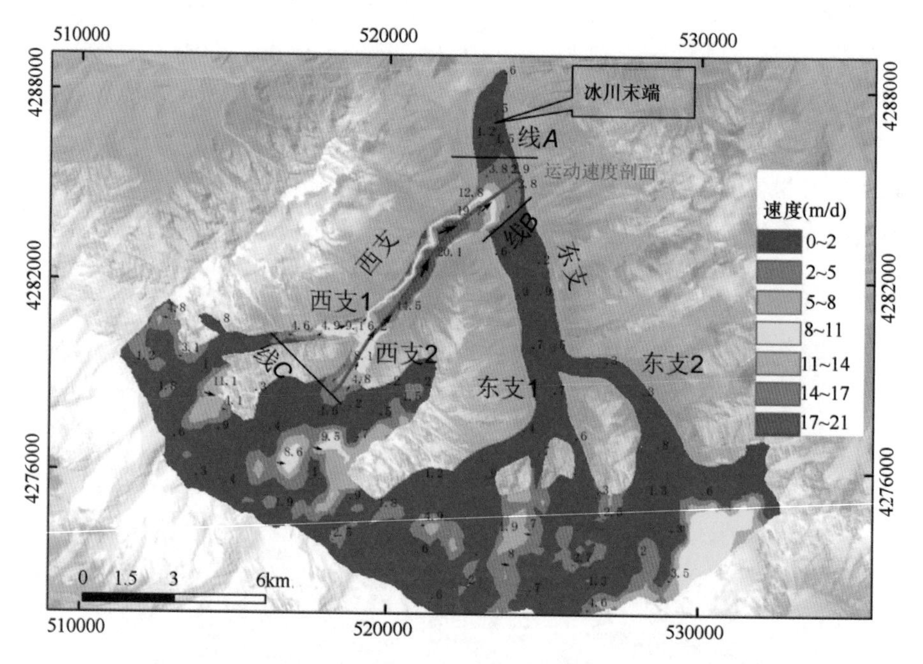

图 1.17 2015 年 5 月 8 ～ 15 日，Karayaylak 冰川的表面速度场（Landsat 8 卫星观测结果）（Shangguang et al.，2016）

另外，与国际同行通过电子邮件交流获悉，在阿汝错湖区 50 号冰川冰崩前，国外学者借助哨兵（Sentinel）2 号卫星的遥感影像，发现 50 号冰川出现了之前阿汝 53 号冰川冰崩前类似的状态（http：//gaphaz.org/files/160928_gaphaz_tibet.pdf），从而对 50 号冰川的冰崩进行了及时的预警。

以上通过遥感来监测和分析冰崩的案例反映出，借助高分辨率的卫星遥感影像技术，可以获知冰川的变化，并对冰崩高危险性的冰川进行有针对性的监测，从而进行冰崩风险评估和灾害预警（Allen et al.，2008）。但是目前的遥感技术依赖卫星的时空分辨率，实时性较差，准确性和可靠性也有待进一步提高，而且这种方法很难研究冰崩的机理。

1.6　冰崩发生机理的模拟研究进展

采用模型重建冰崩过程是研究冰崩机制很重要的一项技术。在冰崩体运动过程中，冰崩体不仅会与岩石基底摩擦，而且冰崩体内部的物质组成也会持续变化（Bugnion et al.，2013），冰体、冰碛、融水之间的相互作用非常复杂，同时冰崩运动底面的曲率等也在发生变化。因此，现有的冰崩动力学模型都是建立在质量守恒、动量守恒以及能量守恒三大定律的基础上（Hutter and Schneider，2010a；2010b）。多数模型在此基础上进行了一定的简化和假设，只能描述冰崩的部分特有现象（Hutter et al.，2005）。不同研究者往往侧重考虑描述不同现象的冰崩过程，进而提出了各种描述冰崩过程的动力学模型，目前主要有单相模型、固 – 液两相模型和综合模型等。

1.6.1　单相模型

单相模型是指不考虑或者忽视固相和液相之间的差别，在冰崩运动过程中只考虑一种相态（对于冰崩，通常是固相）的模型（Zahibo et al.，2010）。建立在物质和动量守恒定律基础上的单相模型可以粗略估算冰崩体的运动速度，从而初步判断冰崩发生的危险程度，包括 Fleishman 公式（Fleishman，1970）和平均速度公式（Julien and Paris，2010；Hu et al.，2013）等。虽然有些模型的物理方程中引进了孔隙水压力等液相的参量，形似两相模型，但由于模型中不考虑液相和固相之间的速度差异，假定固相和液相之间不存在相对运动，不会在固相 – 液相之间产生拉力（Ishii and Zuber，1979），在模拟冰崩运动过程中固相和液相无法进行区分，因此这类模型实际上还是单相模型。

单相模型的一般控制方程如下（Gray et al.，1999）：

$$\nabla\cdot \boldsymbol{u}=0 \tag{1.1}$$

$$\rho_0\left\{\frac{\partial u}{\partial t}+\nabla\cdot(\boldsymbol{u}\otimes\boldsymbol{u})=-\nabla\cdot p+\rho_0 g\right. \tag{1.2}$$

式中，$\boldsymbol{u}$ 为速度；$\otimes$为张量积；p 为压力张量；g 为重力加速度；ρ_0 为冰体密度。

1.6.2　固 – 液两相模型

对于冰崩过程中固相、液相并存的特点，两相模型可以较为恰当而准确地描述这一过程（Anderson and Jackson，1967；Pelanti et al.，2008）。但目前该模型还处于初级阶段，仍然需要进一步的发展（Kowalski，2008）。

通过结合动量守恒定律和深度平均值方法，Iverson（1997）针对泥石流等混合物的运动过程，在底面光滑和液相应力为唯一压力等假设的基础上，建立了具有由颗粒物质和孔隙液体组成的“薄膜层”(thin-layer) 的一维固－液两相模型。此后，Iverson 联合 Delinger 等将该模型扩展为二维，并对模型方程进行了改进，将原本一维模型中恒定不变的液相压力假定为在固相移动过程中会发生变化 (Iverson and Delinger，2001)。从 Iverson 的一维和二维模型出发，Pitman 和 Le(2005) 将混合物中固相和液相分离，分别建立二者各自的动量守恒方程，从而在笛卡儿坐标系下构建了泥石流等运动过程的三维模型。

固－液两相模型的模拟难点主要在于提取固相和液相之间的关系 (Guo et al.，2015)。基于质量和能量平衡原理，德国科学家 Pudasaini 等通过引入增强黏性应力、广义阻力、虚拟质量力等物理量 (Bagnold，1954)，建立了固相－液相之间的强物理连接 (Domnik and Pudasaini，2012)，从而建立起一个通用的两相流模型 (Pudasaini and Miller，2012；Pudasaini and Krautblatter，2014)，并且得到了实际的数值模拟应用 (Pudasaini and Miller，2012)。该模型采用 Mohr-Coulomb 弹性力来模拟固相的应力，用非牛顿黏性应力来代表液相的应力 (Pudasaini，2014)。固相和液相之间的强耦合，使得模型在模拟过程中可以考虑两相之间同时发生的变形、混合和分离等实际过程 (Pudasaini，2012)。这一模型可以重复以往经典混合和固－液两相模型在冰崩运动过程中的结果 (Pudasaini et al.，2005)。

该模型的结构为双曲抛物型方程，如下所示：

$$\frac{\partial \alpha_{\mathrm{s}}}{\partial t}+\nabla\cdot(\alpha_{\mathrm{s}}u_{\mathrm{s}})=0 \tag{1.3}$$

$$\frac{\partial \alpha_{\mathrm{f}}}{\partial t}+\nabla\cdot(\alpha_{\mathrm{f}}u_{\mathrm{f}})=0 \tag{1.4}$$

$$\frac{\partial}{\partial t}+(\alpha_{\mathrm{s}}\rho_{\mathrm{s}}\boldsymbol{u}_{\mathrm{s}})+\nabla\cdot(\alpha_{\mathrm{s}}\rho_{\mathrm{s}}\otimes\boldsymbol{u}_{\mathrm{s}})=\alpha_{\mathrm{s}}\rho_{\mathrm{s}}\boldsymbol{f}-\nabla\cdot\alpha_{\mathrm{s}}\boldsymbol{T}_{\mathrm{s}}+p\nabla\alpha_{\mathrm{s}}+\boldsymbol{M}_{\mathrm{s}} \tag{1.5}$$

$$\frac{\partial}{\partial t}+(\alpha_{\mathrm{f}}\rho_{\mathrm{f}}\boldsymbol{u}_{\mathrm{f}})+\nabla\cdot(\alpha_{\mathrm{f}}\rho_{\mathrm{f}}\boldsymbol{u}_{\mathrm{f}}\otimes\boldsymbol{u}_{\mathrm{f}})=\alpha_{\mathrm{f}}\rho_{\mathrm{f}}\boldsymbol{f}-\alpha_{\mathrm{f}}\nabla p+\nabla\cdot\alpha_{\mathrm{f}}\tau_{\mathrm{f}}+\boldsymbol{M}_{\mathrm{f}} \tag{1.6}$$

$$M_{\mathrm{s}}=\frac{\alpha_{\mathrm{s}}\beta_{\mathrm{s}}(\rho_{\mathrm{s}}-\rho_{\mathrm{f}})g}{\left[u_{\mathrm{T}}\left\{PF(Re_p)+(1-P)g(Re_p)\right\}\right]^{\iota}}(\boldsymbol{u}_{\mathrm{f}}-\boldsymbol{u}_{\mathrm{s}})\left|\boldsymbol{u}_{\mathrm{f}}-\boldsymbol{u}_{\mathrm{s}}\right|^{\iota-1}$$

$$+\frac{1}{2}\alpha_{\mathrm{s}}\rho_{\mathrm{f}}\left(\frac{1+2\alpha_{\mathrm{s}}}{\alpha_{\mathrm{f}}}\right)\left[\left(\frac{\partial u_{\mathrm{f}}}{\partial t}+\boldsymbol{u}_{\mathrm{f}}\cdot\Delta\boldsymbol{u}_{\mathrm{f}}\right)-\left(\frac{\partial u_{\mathrm{s}}}{\partial t}+u_{\mathrm{s}}\cdot\Delta\boldsymbol{u}_{\mathrm{s}}\right)\right] \tag{1.7}$$

$$|S|N\tan\phi,T_{xx}=K_xT_{zz},T_{yy}=K_yT_{zz}, \tag{1.8}$$

$$\tau_{\mathrm{f}}=\eta_{\mathrm{f}}[\nabla\boldsymbol{u}_{\mathrm{f}}+(\nabla\boldsymbol{u}_{\mathrm{f}})^{t}]-\eta_{\mathrm{f}}\frac{A(a_{\mathrm{f}})}{\alpha_{\mathrm{f}}}\cdot\left[(\nabla\alpha_{\mathrm{f}})(\boldsymbol{u}_{\mathrm{f}}-\boldsymbol{u}_{\mathrm{s}})+(\boldsymbol{u}_{\mathrm{f}}-\boldsymbol{u}_{\mathrm{s}})(\nabla\alpha_{\mathrm{s}})\right] \tag{1.9}$$

$$M_{\mathrm{s}}=-M_{\mathrm{f}} \tag{1.10}$$

式中，下标 s 表示固体；下标 f 表示液体；$\boldsymbol{u}=(u, v, w)$ 分别为速度的三维分量；α 为体积分数；K 为侧向土压力系数。该固－液两相模型的结构八个方程八个未知数 (u_{s}，v_{s}，w_{s}；u_{f}，v_{f}，w_{f}；α_{s}，p)，可以采用数值分析方法进行求解 (Drew，1982)。

1.6.3 综合模型

除单相和两相模型以外，很多学者还借助了综合模型来研究冰崩现象，其中以瑞士的 AVAL-1D 模型以及基于 AVAL-1D 发展而得到的 RAMMS 模型为代表。

AVAL-1D 模型是一维的冰雪崩塌动力学模型，其核心是 Voellmy-Salm 摩擦模型。该模型主要由三部分组成：一维流动模块、冰雪崩塌计算模块以及图形界面。虽然该模型的结果呈现为一维，但是在实际模拟过程中，采用的是二维地形来分析崩塌过程。AVAL-1D 模型对 1951 年和 1999 年的两次雪崩过程的模拟效果较为一致，这两次模拟也进一步改进了该模型（Christen et al.，2002）。

AVAL-1D 模型的开发团队在改进模型的过程中发现，这一模型可以用于模拟其他类似雪崩的过程，包括泥石流、落石等（Cesca and D'Agostino，2008），从而进一步开发了 RAMMS 的综合模型。RAMMS 模型是建立在数字高程模型（DEM）或数字地形模型（DTM）上的动力学模型，其借助 Voellmy-Coulomb 模型（Vollmy，1955）来模拟摩擦过程，考虑运动界面在发生变化，建立质量和能量守恒方程，采用数值分析方法来求解以上建立的方程，并通过可视化手段来显示二维或三维运动过程的轨迹、距离以及速度等（Christen et al.，2010）。RAMMS 模型在统一的用户友好的图形界面下，有四个不同的过程模块，分别用其来模拟雪崩、泥石流、坡面泥石流以及落石的运动过程。RAMMS 模型适用于冰崩、雪崩、泥石流、滑坡等多种地质灾害的模拟以及风险评估。欧洲科学家已经利用该模型模拟了阿汝冰崩扇范围，模拟结果与实际冰崩发生时较为一致，这说明 RAMMS 模型对于冰崩的模拟也有其独到之处。此外在模型模拟中还可以采取不同的措施来影响运动过程，用于评估灾害防治措施的有效性（Schneider et al.，2008）。

第2章

考察区的自然环境与冰川变化

青藏高原西部发育大量的极大陆性冰川。一般认为，这一类型的冰川较为稳定，对气候变化的敏感性差。但是在 2016 年，阿里地区的阿汝冰川却连续发生了两次冰崩事件。本章简单介绍这一地区的地形、河流、湖泊、气候，并对这一地区冰川变化特征做一个详细的介绍，提供阿汝冰崩发生的气候环境背景。

2.1 阿里地区自然地理环境

2.1.1 地形

阿里地区位于西藏自治区西北部，世界著名的羌塘高原上，是地球上的“寒旱极”，平均海拔为 4500m 以上，大部分区域海拔在 4600 ～ 5100m，相对高差一般在 200 ～ 500m，最大高差亦可超过 1500m。主要山脉有喜马拉雅山脉、冈底斯山脉、喀喇昆仑山脉（图 2.1）。同时，这些山脉又派生出众多次一级山脉，首尾相接，连绵起伏。山

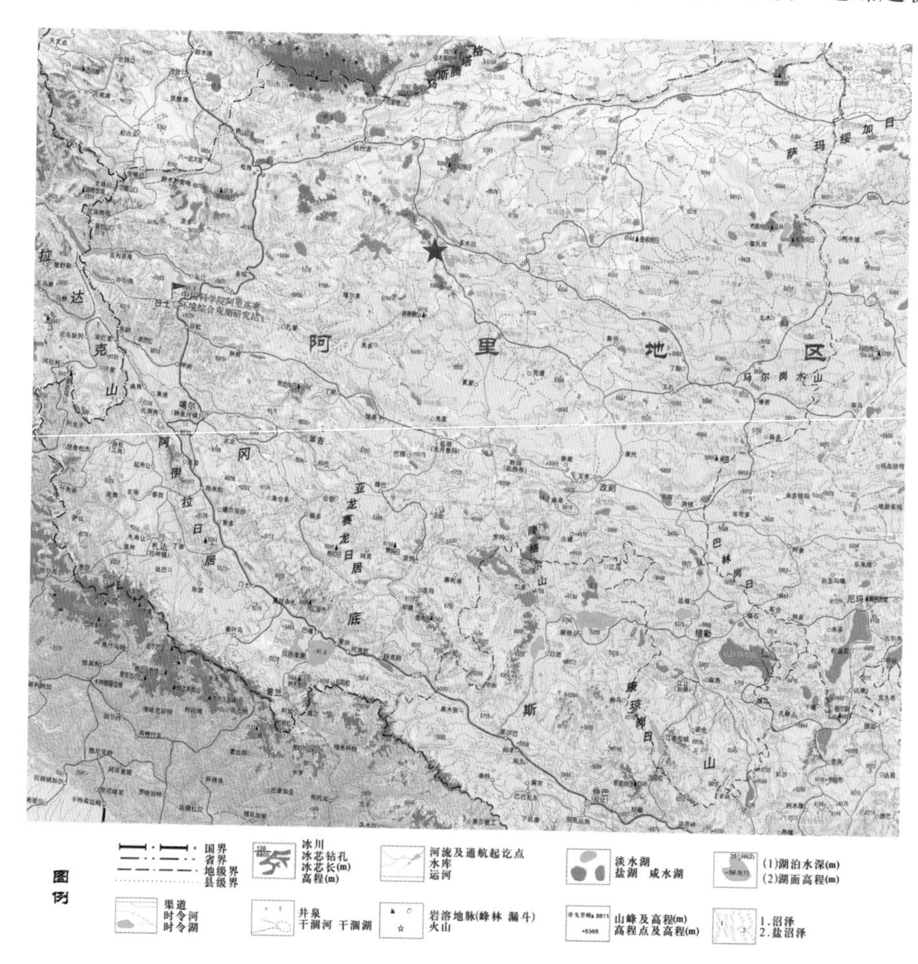

图 2.1 阿里地区山脉、河流、湖泊分布图

图中的红色五角星为阿汝冰崩发生的地点

系总的走向为自西向东、自西向北—东南逐渐过渡为向东。在这些平行山脉之间沿断裂带分布有宽谷或串珠状湖盆洼地。境内高山耸峙，雪峰林立，河流纵横，湖泊星罗棋布。著名山峰有纳木那尼峰、冈仁波齐峰等。

阿里地区总的地貌特征是南北高，中间低，从南到北高原面次第抬升，而各大山脉主脊线逐渐降低。阿里地区可分为三大地貌区，即南部高山峡谷区、中部高山宽谷区和北部高原湖盆区。南部和西南部为深切的沟、谷及零星的冲积扇地带；东部及西北部地势相对平缓，形成宽谷和一望无际的草原戈壁。该地区最高点为普兰县境内的纳木那尼峰，海拔 7694 m，最低点在札达县什布奇附近的朗钦藏布河谷，海拔 2800 m，最大相对高差 4894 m。地貌类型有高山、沟谷、土林、冰蚀、冲积扇、冰碛和火山等。

2.1.2 河流

阿里地区是亚洲众多河流的发源地，全地区有大小河流 80 多条，分为外流河和内流河两类水系，主要包括雅鲁藏布江、狮泉河、象泉河、马泉河、孔雀河、阿姆河、叶尔羌河、和田河、克里雅河、尼雅河、车尔臣河等十多条江河（图 2.1）。森格藏布（狮泉河）是阿里地区最大的河流，发源于冈底斯山脉主峰冈仁波齐峰北部的森格卡巴林附近。据《河湖源土地资源变化与区域发展》报告，该河中国境内长 430 km，流域面积 27450 km^2，落差 1264 m，平均坡降 2.9‰，平均流量 22 m^3/s，年均径流量 6.9 亿 m^3，因流域内气候干燥，平均径流深仅为 25 mm，是西藏外流水系中单位面积产水率最低的河流。朗钦藏布（象泉河）河源处海拔约 5300 m，全长 309 km（中国境内全长 260 km），流域面积 22760 km^2，平均坡降 17‰，落差 2400 m。马甲藏布（孔雀河）源头海拔 5400 m，中国境内长 110 km，平均坡降 16.1‰，流域面积 3020 km^2，平均流量 4.2 m^3/s，年均径流量 1.3 亿 m^3。当却藏布（马泉河）发源于西藏西南部的杰马央宗冰川，是雅鲁藏布江的源流，全长约 239 km，平均坡降 8.8‰。

源于冈底斯山和喜马拉雅山的四条大河（狮泉河、象泉河、孔雀河、马泉河）分别向西北、西南和东南方向流入印度、尼泊尔和孟加拉国，最终汇入阿拉伯海和孟加拉湾（印度洋）。其中，狮泉河下游为印度河；象泉河向下流入印度河；马泉河下游为雅鲁藏布江；孔雀河流入尼泊尔，最终注入恒河。印度河、恒河和雅鲁藏布江河源区称为“三河源”。阿里地区也因此被称为“千山之巅、万川之源”，水资源总量达 167.57 亿 m^3。这些河流是当地居民生产生活的重要水资源，也是孕育古代文明的摇篮，更是支撑“一带一路”倡议的资源保障。

2.1.3 湖泊

阿里地区湖泊众多，多为咸水湖，较大的湖泊有扎日南木错、班公错、玛旁雍错（圣湖）、拉昂错等（图 2.1），其中扎日南木错为西藏第三大湖泊（2015 年面积为 1049 km^2），班公错为青藏高原唯一的国际湖泊。2014 年，阿里地区湖泊个数为

2753 个，最大湖泊面积为 789.57 km^2；2000 年湖泊个数为 3081 个，最大湖泊面积为 783.63 km^2；1990 年湖泊个数为 1455 个，最大湖泊面积为 789.98 km^2；1973 年湖泊个数为 1101 个，最大湖泊面积为 803.31 km^2。湖泊面积大于 2 km^2 的湖泊个数 1973 年、1990 年、2000 年、2014 年分别为 208 个、166 个、224 个、231 个（王强和贺光琴，2018）。

总体而言，该区域湖泊自 20 世纪 90 年代末出现显著扩张，湖泊面积也发生快速变化。70 年代以来，该区域湖泊面积先下降后快速上升（Yang et al.，2016），1970 ～ 2010 年，湖泊总面积增加 26%(Lei et al.，2014)。Zhang 等（2014）通过 DEM 和 ICESat 卫星测高计算了 2000 ～ 2009 年该区域湖泊水量的增加量。Qiao 等（2017）对该地区 4 个较大湖泊的水深进行测量，结果表明，阿克赛钦湖 2015 年平均水深 9.7 m，最大水深 29.1 m，1976 ～ 2015 年，总储水量从 13.3×10^8 m^3 增加到 25.7×10^8 m^3。邦达错 2015 年平均水深 17.8 m，最大水深 48.5 m，1976 ～ 2015 年，湖泊水量由 12.3×10^8 m 增加到 26.0×10^8 m^3。

Lei 等（2017）的研究结果发现，青藏高原湖泊对降水和冰川融水可能存在两种不同的响应模式。青藏高原中部、北部和东北部湖泊以夏季湖水水位升高和冬季湖水水位下降为主要特征，湖水水位变化与 GRACE 区域总质量变化具有很好的一致性，说明夏季季风降水和蒸发是控制湖泊水量变化的主导因素。青藏高原西北部湖泊则表现出夏季和冬季湖水水位均显著上升，湖泊水位与 GRACE 区域总质量在冬季具有一致的变化，而在夏季表现出相反的趋势，说明夏季冰川消融和春季积雪对该区域湖泊水量平衡具有重要贡献。Zhang 等（2017）对 2003 ～ 2009 年青藏高原整个内流区质量平衡与湖泊水量平衡进行的估算表明，湖泊水量（7.72±0.63 Gt/ 年）与地下水储量（5.01±1.59 Gt/ 年）增量相似，降水对湖泊水量增加的贡献占主体（74%），其次为冰川消融（13%）与冻土退化（12%），雪水当量贡献较少（1%）。

2.1.4 气候

阿里地区属于高原干旱气候区，气温低、降水稀少，季节性强。全地区分为南部和西南部的高原温带季风干旱气候区、中部的高原寒带季风半干旱气候区和东北部的高原寒带季风气候区（中国科学院青藏高原综合科学考察队，1984）。季节变化不明显，仅有冬夏两季之分，冬长夏短，年无霜期仅为 120 天。多大风天气，尤以东部改则、措勤最多，年大风天气日数达 115 天。阿里及邻近地区海拔高，相对湿度和平均气压低，辐射强，日照时间长，狮泉河镇（32.50°N，80.09°E，海拔 4279 m）的年日照时数 3545.5h，为西藏最高。

1979 ～ 2016 年，阿里大部分地区平均气温为 –10 ～ 0℃，并且呈现西南高东北低的特征，北部和冈底斯山地区的年平均气温为 –10 ～ –5℃；阿里地区年平均最高气温多为 5 ～ 10℃，大部分地区年平均最低气温低于 –5℃，其中东北部地区低于 –10℃。以狮泉河镇为例，年均气温只有 0.8℃。

由于喜马拉雅山等巨大山脉的阻隔作用，印度季风挟带的水汽难以深入青藏高原西北部内陆地区，使得该地区降水量普遍低于 200 mm，只有藏东南地区的 1/4 ～ 1/3，为西藏降水最少的地区之一。阿里地区的降水量从南向西北递减，并且越往西雨季越短，雨季越推迟。降水集中在夏季，水汽主要来自印度平原上的深对流系统。狮泉河镇的年均降水量仅 65 mm，为西藏最低，其中 7 月与 8 月降水量占全年降水量的 70% 以上（图 2.2）。但在这一“寒旱极”，由于降水的海拔梯度效应，高海拔地区的降水量会有所增加，为冰川发育提供了有利条件。

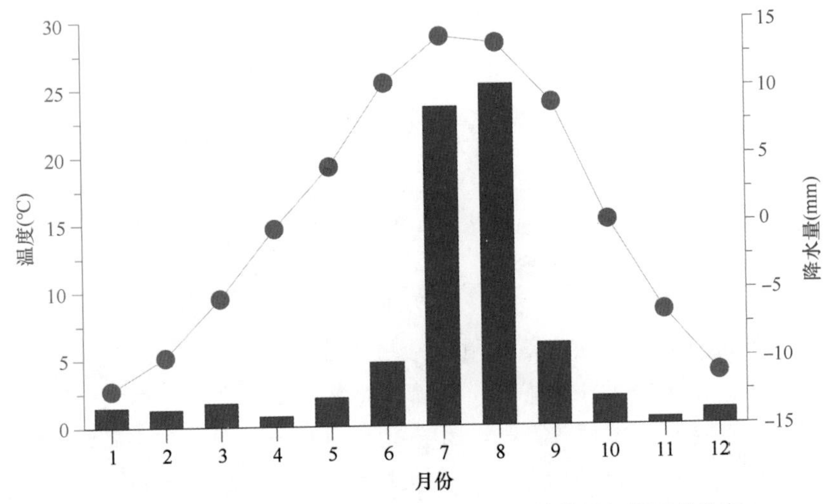

图 2.2　狮泉河镇温度（点线图）与降水（柱状图）的季节分布

青藏高原西部地区的气象台站数量太少，而且分布不均。为了深入揭示该地区的气候环境现状和变化特征，2009 年青藏所在日土县建立了综合观测研究站（台站名称为阿里站，33.39°N，79.70°E，海拔 4270 m）。气象数据的统计结果表明，阿里站 2009/11/27 ～ 2018/08/19 时段的日平均气温为 1.87℃（图 2.3），而狮泉河镇 1961/01/01 ～ 2016/05/31 时段的日平均气温为 0.77℃。阿里站与狮泉河镇的海拔几乎相同 (4270 m vs. 4279 m)，这两个站日平均气温的明显差异也表明近期的气温升高。

2.1.5　日土县概况

阿汝冰崩发生地属于阿里地区下辖的日土县，地处西藏西北部、阿里地区西北部，喀喇昆仑山和冈底斯山支脉横穿全境。全县面积 8.03 万 km^2，平均海拔 4500 m 左右，最高海拔为 6800 m。日土县地貌类型属高原湖盆区，喀喇昆仑山崇山峻岭和冈底斯山支脉横穿全境，平均海拔 4300 m，高寒缺氧，由于气候干旱，流水作用弱，高原面保存完整，总的地势是南北高、中间低，沿班公错—怒江断裂带形成高原地势最低的巨大集水洼地，在山脉之间沿断裂带则为宽谷或串珠状湖盆洼地。土壤属山地灌丛草原土壤区，主要分布在海拔 4000 m 左右的灌丛草原上，4200 ～ 4700 m 高山草原土比重

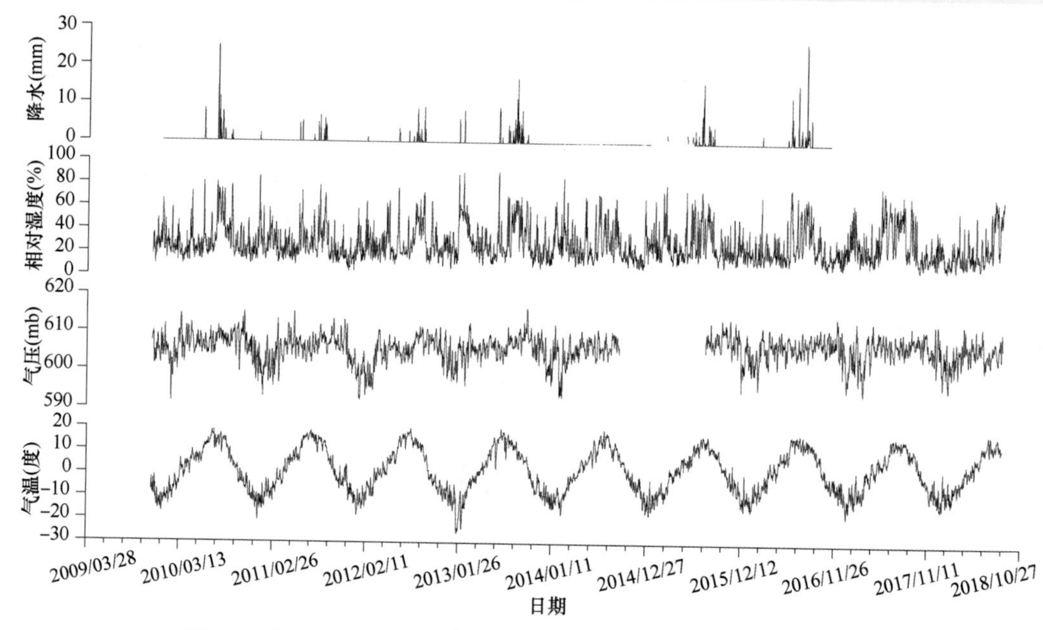

图 2.3 中国科学院阿里观测站气象数据（2009/11/27 ～ 2018/08/19）

增大。土壤的发育有落叶灌丛和草本植物参与，A 层（淋溶层）的灰棕色腐殖质层较显著，厚度较大。由于冷季长及干旱，土壤微生物活动微弱，土体中黏粒少，下移不明显，B 层（淀积层）发育不完全。自 B 层 30 ～ 40 cm 深处开始有碳酸钙聚集，土体有较强的石灰反应，并形成钙积层。在洼地土体中，碳酸钙的聚集更加强烈，白色固体的碳酸钙厚度可达 1 ～ 2 m，石灰含量在 20% ～ 30% 及以上。目前，部分山地灌丛草原土和高山草原土被开辟为耕地。

日土县属半农半牧县，牧业比重较大，农业生产局限性很大。现有耕地面积 8614.9 亩[①]，草场面积 7072.4 万亩，水域面积 794 万亩。据 2010 年第六次全国人口普查结果，日土县常住人口 9738 余人。该县下辖 1 个镇 4 个乡。发生冰崩的阿汝村为阿里地区日土县东汝乡所辖，距县城 220 km，人口不到 200 人，平均海拔 5120 m，个别地带海拔达 6000 m 以上，是日土县最为偏远、海拔最高、条件最艰苦的行政村。阿汝村土地总面积 951 万亩，约占全乡总面积的 17.92%，其中草场面积 180 万亩，是一个纯牧业村，除了草场补贴外，畜产品为牧民群众的主要收入来源，经济产值低，现金收入更低。受气候影响，这里植被覆盖率低，生态环境脆弱。

2.2 研究区的冰川与湖泊变化

2.2.1 青藏高原西部冰川现状与变化

以青藏高原为主体的第三极地区，是除南北极和格陵兰之外中低纬度最大的

① 1 亩≈ 666.7m^2。

冰川富集区。冰川是随气候变化而不断变化的。近期全球气候变暖引发的青藏高原冰川快速变化已经成为目前国内外关注和研究的热点之一（Bolch et al.，2012；Yao et al.，2012）。冰川消融与退缩不仅会影响冰川径流变化（姚檀栋等，2004；Immerzeel et al.，2014），而且与冰碛湖面积扩张及高原湖泊水位上升具有紧密的联系，其对区域社会和经济造成了潜在的威胁。

根据冰川的水热发育条件及冰川物理性质，青藏高原西部地区的冰川（包括发生冰崩地区的冰川）属于极大陆性冰川类型，以温度低、积累量低、冰川流速慢为基本特征。一般认为这类冰川十分稳定，对气候变化的敏感性差（Shi and Liu，2000；Yao et al.，2012）。根据西昆仑山古里雅冰芯的记录，自17世纪小冰期最盛期至今，气温上升了2.0℃，但冰川退缩量较小。粗略估计，小冰期以来极大陆性冰川只退缩了10%左右（姚檀栋等，2004）。近期的实地观测与遥感研究均证实了在全球变暖的大背景下，青藏高原存在不同状态的冰川，冰量变化呈现明显的空间分异。冰川整体上正经历着强烈的冰量损失与面积萎缩，在印度季风影响下的喜马拉雅山和藏东南尤为显著（Yao et al.，2012；Kääb et al.，2015；Neckel et al.，2017；Brun et al.，2017），而帕米尔高原–喀喇昆仑山–西昆仑山却呈现不同的状态，冰川消融微弱，冰量损失较小，部分冰川甚至呈现末端前进及冰量增加的状态（Hewwit，2005；Bolch et al.，2012；Gardelle et al.，2012；Brun et al.，2017）。高原内陆区域冰量变化则介于两者之间（Neckel et al.，2014）。研究表明，西风–季风协同作用的不同模态驱动青藏高原冰川–湖泊–生态的系统性连锁反应（Yao et al.，2012），引起区域冰川变化系统性差异最可能的原因是西风和季风两大环流导致了喜马拉雅山降水减少和帕米尔高原降水增加，定性解释了第三极冰川状态系统性差异的气候学机制，揭示出两大环流对于第三极地区冰川变化的影响（Yao et al.，2012）。

不同状态冰川导致的环境与灾害风险也呈现明显的区域差异。在印度季风影响下的喜马拉雅山呈现气候变化—冰川退缩—冰湖扩张—冰湖溃决灾害链模式（Wang et al.，2011）；高原内陆冰川–湖泊相互作用区域呈现气候变化—冰川消融加剧—融水增加—湖泊水位加速上涨的环境效应模式（Tong et al.，2016；Zhang et al.，2017），而帕米尔高原-喀喇昆仑山-西昆仑山，呈现出气候变化—冰量增加—冰川热力/动力变化—冰川快速前进—冰崩这一灾害链模式，如2016年7月和9月发生在西藏阿里地区阿汝错地区的两次特大冰崩，可能就是西风区冰川对于气候响应的特殊表现形式（Tian et al.，2016）。

1991～2009年，西昆仑山冰川有显著变化，但东、西区存在较大差异。其中，东区处于先减少后增加再减少的波动状态，而西区则处于持续减少状态（纪鹏等，2013）。利用Landsat TM/ETM+影像，结合冰川编目数据，对比分析1976～2010年冰川变化特征，发现西昆仑山2011年冰川面积为6286 km^2，以大规模的冰川为主，昆仑峰地区（35ºN–36ºN、80ºE–82ºE）冰川规模最大，冰川条数只占2.3%，但面积占28%，总体来看，研究区东侧的冰川规模大于西侧；西昆仑山峰区的冰川面积减少率为4.1%，其中1990～2000年冰川面积减少16.83 km^2，减少率达到最大（–16.8%），

1976 ～ 1990 年次之 (–12.3%)，而在 2000 ～ 2010 年冰川面积退缩速率减小到 –1.2%(李成秀等，2015)。基于地形图和 Landsat TM+ 数据，揭示了昆仑峰地区 276 条冰川 1970 年和 2001 年冰川面积变化特征，发现该时段冰川面积减少 10 km^2，并且南北坡冰川变化具有较大差别，其中北坡冰川面积在 1970 ～ 1990 年呈现轻微增加的趋势 (3.51 km^2)，而在 1990 ～ 2001 年呈现轻微亏损的状态 (–3.23 km^2)；南坡冰川面积在 1970 ～ 1990 年减少了 12.9 km^2，而在 1990 ～ 2001 年增加了 6.1 km^2(Shangguan et al.，2007)。也就是说，昆仑峰地区南北坡的冰川具有相反的变化趋势。基于 Landsat MSS/TM/ETM+/OLI 数据，发现喀喇昆仑山南部熊彩岗日地区 1968 ～ 2013 年冰川面积由 181.10 km^2 减少到 178.47 km^2(Li et al.，2015)。与其他地区冰川相比，喀喇昆仑山 – 西昆仑山的冰川在过去数十年面积退缩较小 (Bolch et al.，2012；Wei et al.，2014)。该地区部分冰川甚至还呈现跃动前进的特征 (Hewitt et al.，2005；Yasuda and Furuya，2015)，如中峰冰川末端在 2002 ～ 2004 年以 661 m/ 年的速率前进 (李成秀等，2015)。

基于卫星遥感资料 (如 Landsat、SAR、ICESat 等)，发现西昆仑山 2003 ～ 2009 年冰川冰量变化较小 (Wu et al.，2014)，甚至呈现微弱增加的特征 (Gardner et al.，2013；Kääb et al.，2015；Ke et al.，2015；Neckel et al.，2014；Hui et al.，2017)。但是遥感技术反演的该区冰川变化量上具有显著的不确定性。例如，西昆仑山冰川物质平衡变化范围为 –0.21 ～ +0.23 m w.e./ 年 (Bao et al.，2015；Wu et al.，2014)，说明卫星遥感技术获取的冰量变化还需要实地的冰川物质平衡等观测数据来进行验证。

受交通和自然条件等的限制，喀喇昆仑山 – 西昆仑山仍旧缺乏长期连续的高海拔气象和冰川物质平衡观测，特别是缺乏对该地区冰川积累 – 消融等关键过程的观测资料。西昆仑山仅在 1985 ～ 1987 年对崇测冰帽进行过短暂的物质平衡研究。古里雅冰帽位于西昆仑山的东南部，是受中纬度西风影响的典型地区，总面积超过 300 km^2，其中南部面积为 131.75 km^2，顶部面积超过 100 km^2，为典型的极大陆性冰川。通过在古里雅冰帽开展气象和冰川观测研究，可以填补这些地区实测资料的空白。2015 年 9 月，青藏所古里雅冰川科考队在距冰帽南侧的冰舌末端 5500 m 和冰帽平台 6200 m 处各架设了一台自动气象站，用于观测气温、湿度、风速、风向、降水、气压、入射短波辐射、反照率、入射长波辐射，出射长波辐射等参数。同时，在该冰帽不同海拔上布设了测杆，用于测量冰川的物质平衡。

2.2.2 阿汝错流域的冰川与湖泊的现状与变化

阿汝错流域位于西藏阿里地区日土县与改则县之间，流域面积 2310.16 km^2。流域内有两个湖泊，上游的阿汝错 (南部) 和下游的封闭湖美马错 (北部)，阿汝错为过水湖，湖水由北部出水口汇入美马错。阿汝错流域内共有冰川 123 条，全部分布在该流域的西侧 (图 2.4)。

根据地形图和遥感影像，确定了不同年份阿汝错流域冰川的面积。1970 ～ 2016 年，

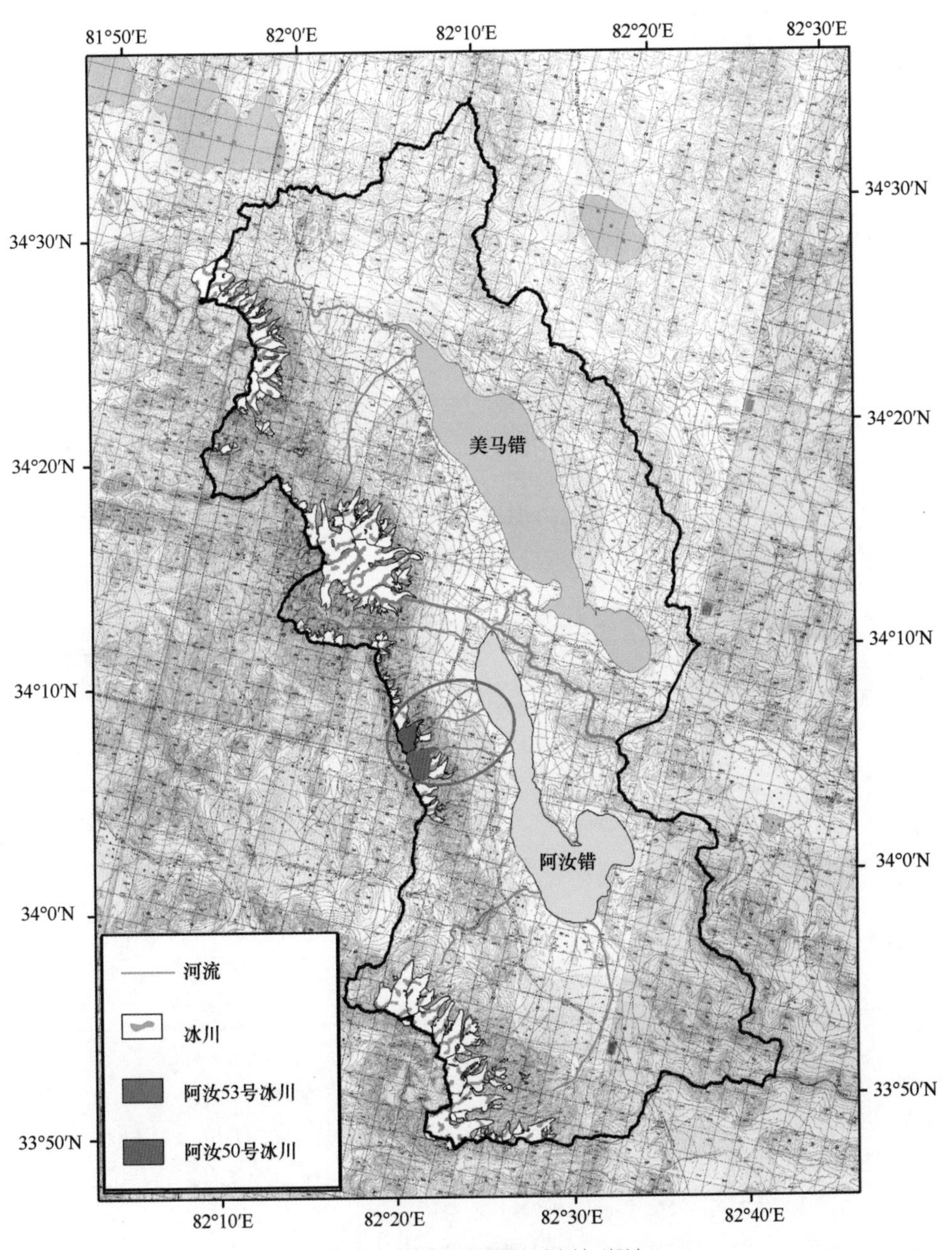

图 2.4　阿汝错流域的冰川与湖泊

黑线为流域边界；红圈为冰崩发生位置

冰川面积分别为 195.79 km^2(1970 年)、194.01 km^2(1992 年)、181.42 km^2(2013 年)、182.71km^2(2015 年) 和 184.20 km^2(2016 年)。1992 ~ 2013 年，整个区域冰川减少了 12.59 km^2(0.31%/ 年)。冰川面积的快速减少发生在 1992 ~ 2013 年，而在 2013 年之后，冰川面积还有微弱的增加趋势 (图 2.5)。这一趋势与同一时期西昆仑山的冰川消融微弱甚至有微弱的物质正平衡的结论是一致的 (Yao et al.，2012)。

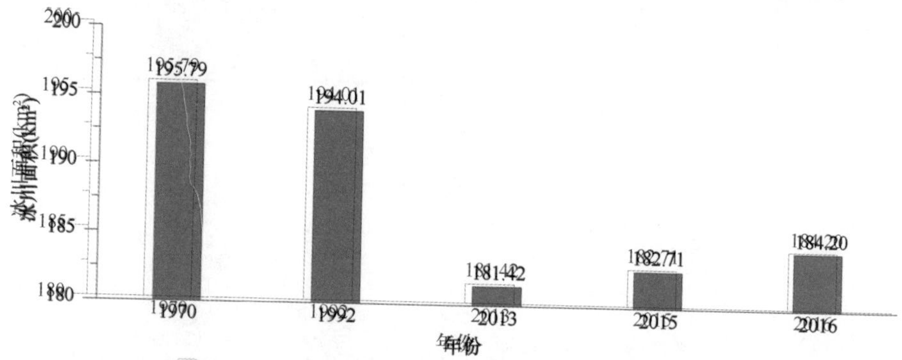

图 2.5 1970～2016 年阿汝错流域冰川的面积变化

对于发生冰崩的阿汝 53 号和 50 号冰川，专门进行了其面积和长度变化的研究（表 2.1），发现 1970～1992 年，这两条冰川的面积变化不大。冰川面积的快速减少发生在 1992～2013 年，53 号冰川从 3.66 km² 减少为 3.40 km²，而 50 号冰川从 4.77 km² 减少为 4.45 km²，减少的幅度并不大（图 2.6），之后冰川面积基本保持不变。但是 53 号冰川 2016 年 2～7 月，面积减少了 0.45 km²。

表 2.1 阿汝冰崩冰川面积和长度的变化

日期	阿汝 53 号冰川			阿汝 50 号冰川		
	面积 (km²)	面积变化 (km²)	长度变化 (m)	面积 (km²)	面积变化 (km²)	长度变化 (m)
1970 年	3.76	—	—	4.83		—
1992/12/15	3.66	-0.10	-73	4.77	-0.06	-45
2013/07/10	3.40	-0.26	-313	4.45	-0.32	-307
2014/08/17	3.42	0.02	59	4.46	0.01	-15
2015/11/03	3.43	0.01	59	4.46	0.00	0
2016/02/01	3.47	0.04	35	4.47	0.01	15
2016/07/25	3.02	-0.45	—	4.45	-0.02	—

根据高分 1 号和 2 号卫星的影像数据，确定冰川末端位置的变化范围，发现从 2013 年起，阿汝 53 号冰川的冰舌有过明显的退缩（图 2.7）。根据上面冰川面积变化的结果，阿汝错流域内少数冰川的退缩与整体面积的增加并不是矛盾的。因为冰川末端基本呈长条状，长度的退缩导致的面积减少并不明显。

根据遥感资料，进一步量化这些冰川的退缩幅度。1997 年 1 月～2015 年 12 月，阿汝 53 号冰川整体退缩了 120 m，阿汝 50 号冰川退缩了 150 m（图 2.8）。

阿汝错和美马错形状类似，均为狭长湖泊。阿汝错南北长 26 km，东西宽度为 2～9 km。阿汝错是一个过水湖，面积基本保持在 105～106 km²，1977 年面积为 105.09 km²，2016 年为 105 km²（图 2.9）；2003～2009 年湖泊水位增长率为 0.03 m/a，变化幅度也很小。

美马错是一个封闭的咸水湖，过去 30 年来变化显著，其面积在 1977 年为

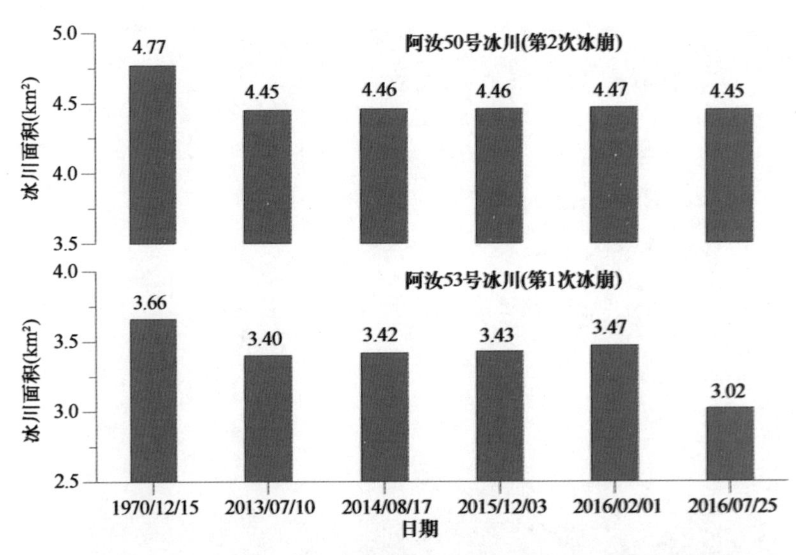

图 2.6　1970 ～ 2016 年发生冰崩的阿汝 53 号和 50 号冰川的面积变化

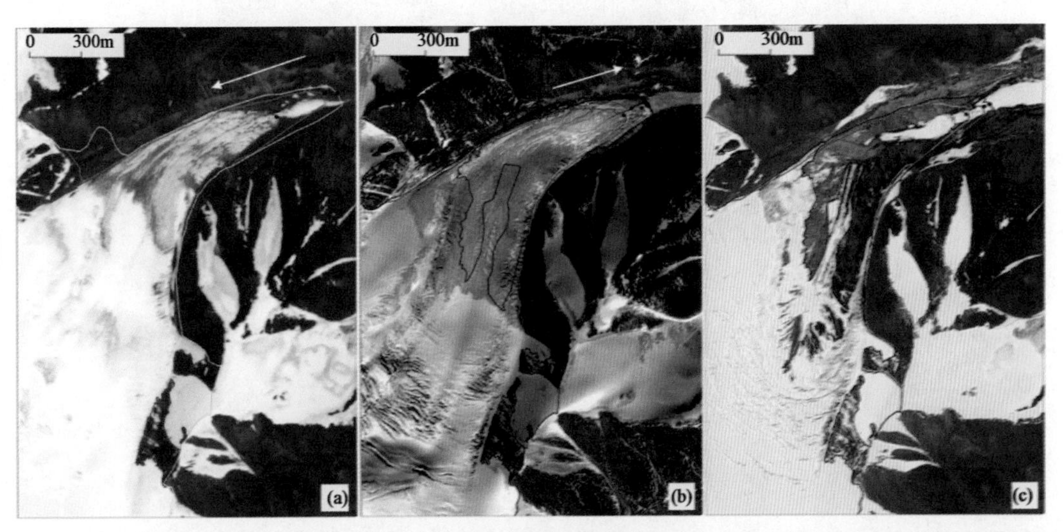

图 2.7　阿汝 53 号冰川冰舌变化

(a) 2013 年 7 月 10 日，高分 1 号遥感影像；(b) 2016 年 2 月 1 日高分 1 号遥感影像；(c) 2016 年 7 月 25 日，高分 2 号遥感影像

138.14km^2，2000 年为 136.88 km^2，2016 年扩张到 170.78 km^2。2000 年以后，美马错的面积呈快速增长的趋势（图 2.10）。ICESat 卫星数据显示，2003 ～ 2009 年，美马错的湖面高程由 4923.2 m 升高至 4926.2 m，增速达到 0.5 m/a；CryoSat-2 卫星显示，2010～2014年美马错湖面高程由4926.1 m升高到4928.1 m，增速与前期相当。可以看出，美马错面积的快速增加发生在 2000 ～ 2004 年，之后湖泊的扩张速度相对稳定。

2016 年 10 月、2017 年 7 月和 10 月，科考队先后三次对阿汝错和美马错进行了科学

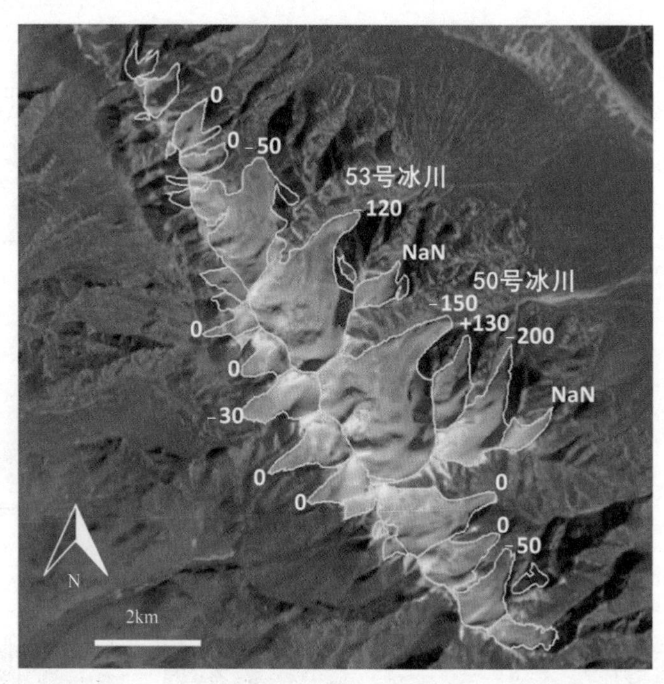

图 2.8　1997 年 1 月～ 2015 年 12 月阿汝冰崩区冰川长度变化（单位：m）

图中数值为冰川末端退缩总长度；“NaN”表示冰川前端位置不能够被准确的识别；黄线为冰川边界

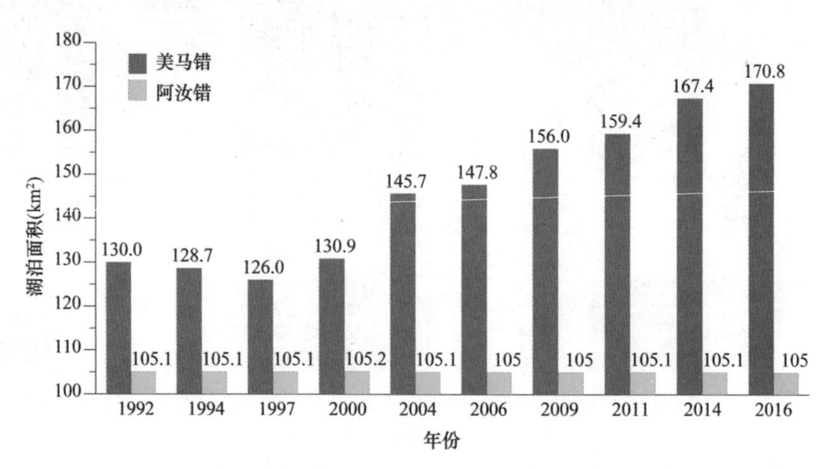

图 2.9　阿汝错和美马错 1992 ～ 2016 年湖泊面积变化

考察，试图理解冰崩发生后大量冰川融水注入对该流域湖泊水位、水量、水质等的影响。2016 年 10 月在阿汝错和美马错分别放置了水位计。2017 年 7 月对阿汝错西部湖水进行了水质测量，发现该湖为微咸水湖，总溶解固体（TDS）为 0.748 g/L，电导率为 1124 μS/cm，盐度为 0.562 g/L。2017 年 10 月对美马错东部进行了水质测量，发现该湖的 TDS 为 8.28 g/L，电导率为 12.39 mS/cm，盐度为 6.22 g/L。

2017 年 7 月，对阿汝错进行了详细的水深测量，并重点对第一次冰崩附近水域的水下地形进行了测量（图 2.11），在冰崩扇入湖处的附近水域（水深 16 m 和

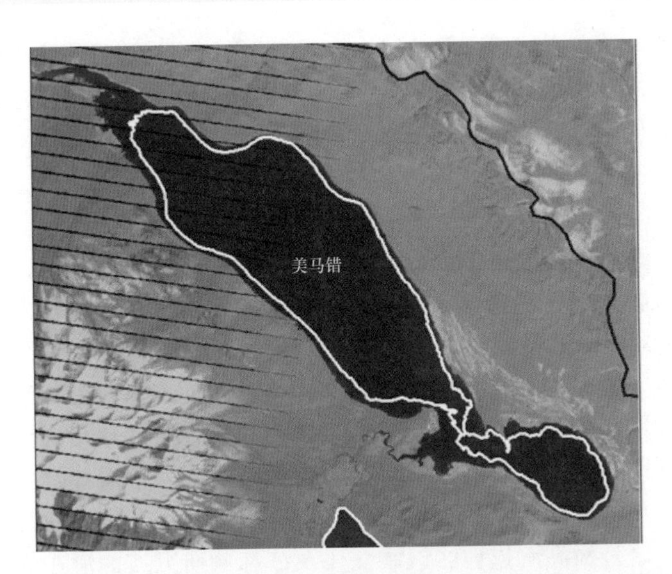

图 2.10　1992 ~ 2016 年美马错的岸线变化（白线为 1992 年湖岸线）

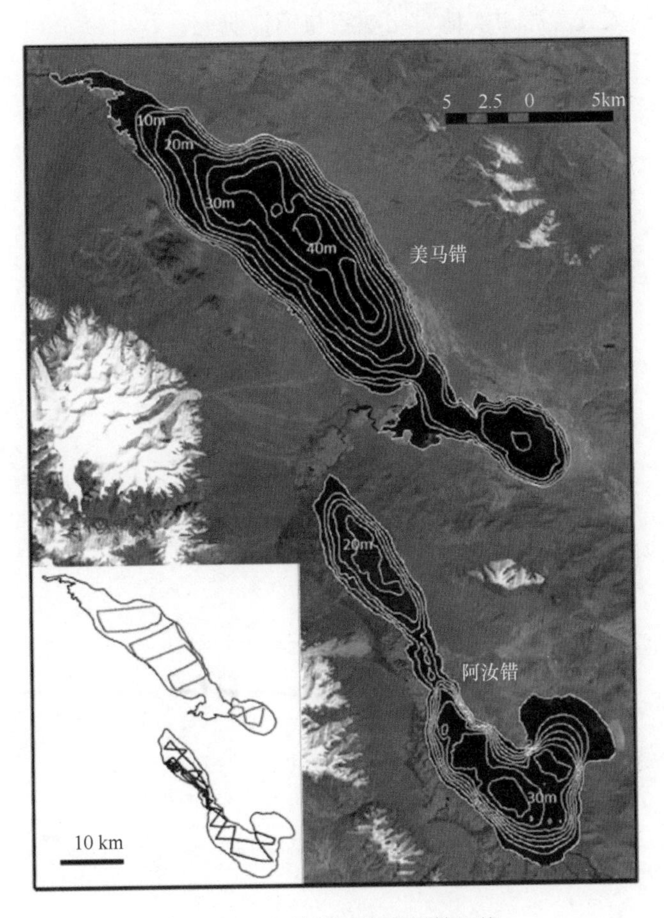

图 2.11　阿汝错和美马错等深线

等深线间隔为 5m；左下图为湖泊测深路线

19 m）钻取了两根 1 m 左右的短湖芯。以 2016 年湖岸线作为边界，将水深测量结果在 ArcGIS10.0 下进行插值（TOPO to Raster），绘制成水下地形和湖水等深线，并计算了湖泊总储水量。结果显示，阿汝错由两个湖盆构成，北部湖区实测最大水深 20 m，南部湖区实测最大水深 35 m，湖盆连接区域实测最大水深 11 m，平均水深 17.6 m，湖泊总储水量 17.9×10^8 m^2。美马错北部湖区实测最大水深 42.6 m，南部湖区最大水深 20.5 m，平均水深 20.0 m，湖泊总储水量 34.9×10^8 m^3。特别对第一次冰崩扇推入阿汝错入湖处附近水域的水深进行了加密测量，结果显示，该区域水下地形起伏较大，这与正常的湖岸地形存在差别，推测其可能是冰崩挟带大量碎屑物质进入湖中导致。

在高原内陆区，特别是西风影响的西昆仑山，冰川的监测研究相当匮乏。这次阿汝冰川崩塌完全颠覆了人们以前的认识。原来认为非常稳定的冰川现在已变得不稳定了。这一现象放到现在气候变暖的大背景下，不能不引起人们的警觉。青藏高原地区存在相对稳定的冰川却又孕育着巨型冰崩灾害，其本身就反映出青藏高原区域气候环境变化的独特性，这是极高海拔地区气候变化及冰冻圈研究方面潜在的学术增长点，也赋予了全球变暖背景下青藏高原地球系统科学新的研究方向，因此需要在不同状态冰川区开展综合的大气 – 冰川实地对比观测与模拟研究。

第3章

阿汝冰崩考察研究概览

2016 年，西藏阿里地区日土县东汝乡阿汝错湖区的 53 号冰川和 50 号冰川先后发生崩塌事件。青藏高原综合科学考察研究队十分重视阿汝冰崩灾害事件，在冰崩发生后迅速启动了观测研究，开展了资料收集、野外考察、遥感影像解译和模型模拟等工作。本章主要介绍对阿汝冰崩的考察研究工作。

3.1　阿汝冰崩介绍

2016 年 7 月 17 日上午 11 时 15 分左右（北京时间），西藏自治区阿里地区日土县东汝乡阿汝错湖区冰川群的 53 号冰川 (34.03°N，82.25°E，中国冰川编目 5Z412C0011) 发生冰崩，冰川主体部分 (5190 ～ 5800 m) 脱落，冰崩体垂直移动距离达 800 m，水平移动距离达 8.2 km，并冲入阿汝错湖中，形成的冰崩扇长 5.7 km（从原来的冰川末端至阿汝错湖岸），宽 2.4 km，面积约 9.4 km^2（图 3.1 和图 3.2）。该冰川的顶端高程为 6150 m，冰川末端高程为 5250 m，冰川长度约 3.3 km，平均坡度为 18°。通过冰崩前后数字高程模型 (DEM) 的对比，估算得出冰崩体的体积达 $(68\pm2)\times10^6$ m^3，冰崩扇的总体积为 72×10^6 m^3。冰崩体冲进阿汝错后，引起湖泊水位上涨达 9 m，产生的涌浪淹没了阿汝错对岸的湖岸阶地，形成了长达 10 km 的湖岸线，向内陆推进的距离达 240 m。此次冰崩造成当地 9 名群众遇难，并有数百头牲畜被埋，大量的草场被破坏。

在两个月之后的 9 月 21 日，阿汝 50 号冰川 (34.01°N，82.27°E，中国冰川编目 5Z412C0007，53 号冰川南侧约 2 km) 再次发生了冰崩事件。该冰川顶端高程为 6250 m，

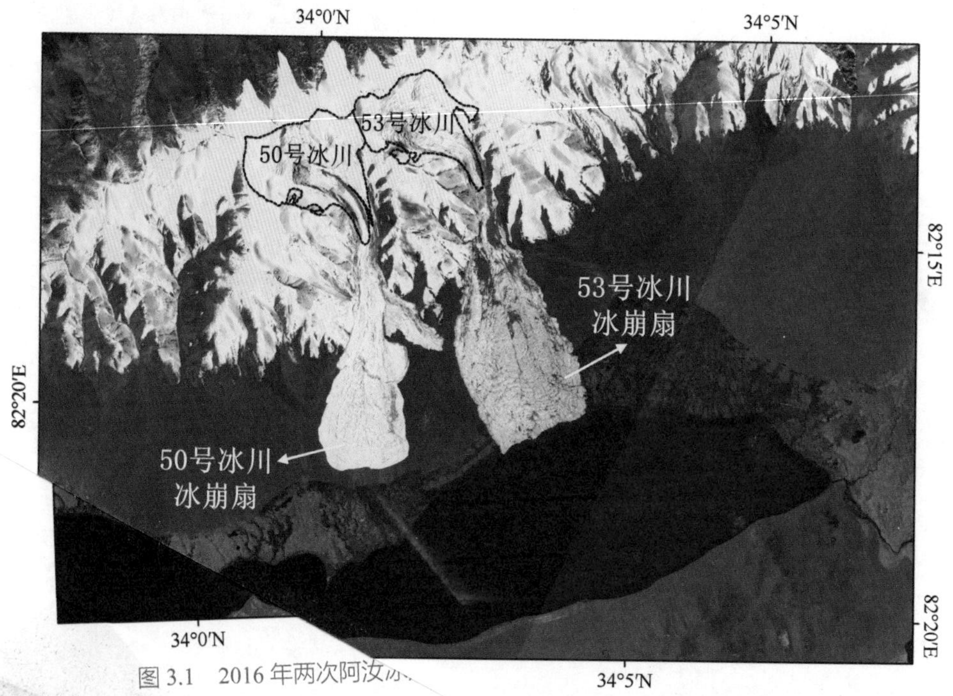

图 3.1　2016 年两次阿汝… 2 号卫星影像（2016 年 10 月 7 日）

(a)

(b)

图 3.2　阿汝冰崩扇现场照片

(a) 53 号冰川；(b) 50 号冰川

冰川末端为 5300 m，平均坡度为 20°。此次冰崩出现在 5240 ～ 5800 m 处，存在两次崩塌过程，分别发生在北京时间 5：00AM 和 11：20AM。冰崩体快速流动，向下游推进了 5 km，达到海拔 4965 m 处，水平移动距离 7.2 km，垂直移动高度 830 m。此次冰崩扇长 4.7 km，宽 1.9 km，面积约 6.5 km^2，冰崩体的体积为 $(83\pm2)\times10^6$ m^3，冰崩扇的体积为 $(100\pm2)\times10^6$ m^3（图 3.1 和图 3.2）。由于上一次冰崩（53 号冰川）造成了人员的遇难和牲畜的死亡，当地政府迅速将这一区域划为危险地带，及时地将冰川下部的牧民转移至安全地带，因此阿汝 50 号冰川的冰崩没有造成人员伤亡和牲畜损失。

阿汝冰崩是极为罕见的特殊事件。从冰川运动形式上看，冰川的主体发生崩塌，形成的碎冰带的面积超过原来冰川的面积。这种形式与冰川“跃动”不同，因此确定为冰崩。

短短两个月内，阿汝冰川连续发生了两次冰崩事件，对当地群众的生命财产造成严重的损失，并对生态环境造成了严重破坏，对当地的社会经济发展造成了严重影响。阿汝 53 号冰川发生冰崩后，西藏自治区各级政府迅速投入大量人力物力，开展抢险救灾工作，进行了长达 9 天的搜救（图 3.3）。冰崩灾害引起了当地居民的惊慌，担心其他冰川也会发生类似的冰崩事件。当地政府也急需科学界对冰崩进行研究，揭示冰崩发生的原因，提供冰崩灾害的预测和预警方法。

图 3.3　救援队在阿汝冰崩现场进行搜救

3.2　冰崩科考目标和方案

阿汝冰崩的科考目标，就是揭示冰崩发生的过程和机制，建立冰崩科学预警体系，服务地方发展。

科考总体思路：以地球系统科学为指导，以野外观测和遥感影像解译为基础，以模拟为集成方法，聚焦冰崩如何发生这一关键科学问题，研究阿汝冰崩的发生特征、过程、原因和机制，建立冰崩科学预警体系。

科考总体研究方案：利用野外观测、遥感反演和模拟手段，获得阿汝冰川的现代分布与变化特征，研究冰川物质平衡与消融过程、冰川运动速率、冰川内部震动特征，结合自动气象站观测数据，阐明温度、降水、地形、地质对冰崩发生的贡献，构建冰崩模型，通过观测与模拟结合，揭示阿汝冰崩的发生过程和机制，提取冰崩发生的预警指标，建立冰崩科学预警体系，服务地方发展。

科考技术路线：①野外实地观测研究布局。通过阿汝冰川的实地观测，架设自动气象站、短周期地震仪、冰面连续 GSP，观测当地的气候、冰川内部震动和冰川运动速度；在冰川表面进行物质平衡观测，测量冰川厚度；采用无人机航拍，开展冰川的三维地形测量，精细刻画冰川表面形态的变化；钻取冰芯和湖芯，揭示冰崩发生的气候背景。②遥感解译与模型模拟。解译各种高分辨率卫星影像（TerraSAR、Sentinel-2、MODIS、ASTER、TanDEM、高分等），分析冰川的形态变化，确定冰崩扇的规模和消融过程，提取冰崩发生的征兆并作为预警指标；以数字高程模型（DEM）和遥感影像为驱动数据，采用 RAMMS 模型模拟阿汝冰崩扇的堆积形态。

3.3　阿汝冰崩的野外考察

阿汝冰崩发生后，第二次青藏高原综合科学考察研究队迅速组织了野外科学考察，并开展了相关研究工作。具体的野外考察路线和内容如图 3.4 所示。

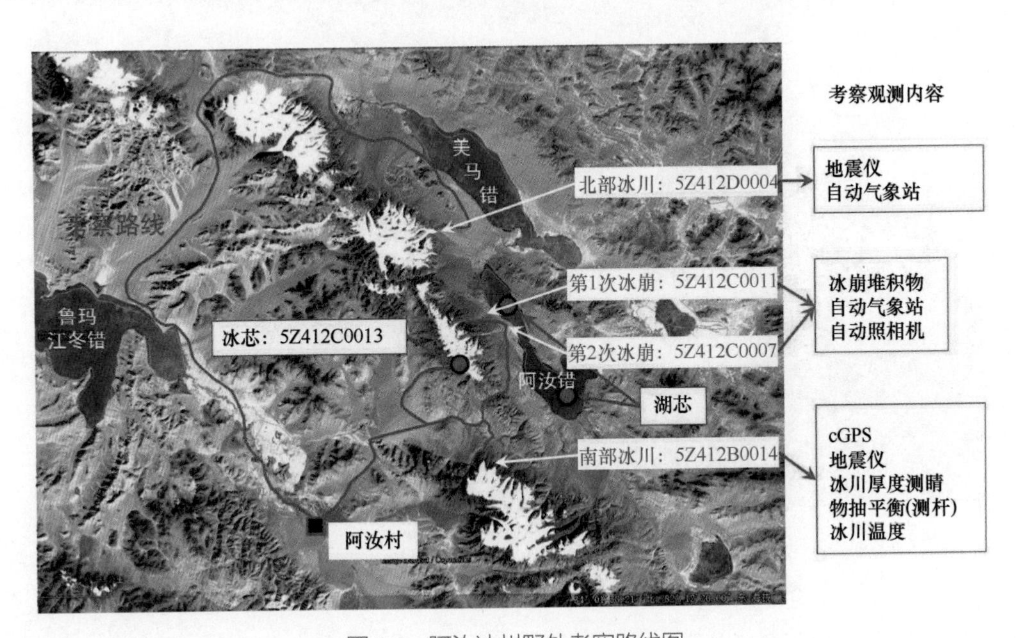

图 3.4　阿汝冰川野外考察路线图

3.3.1　第一次野外考察

阿汝错冰崩发生后，姚檀栋院士迅速组织召开了专家研讨会，共同商议冰崩灾害的应对措施以及野外考察事项。与会者一致认为，应对这一灾害高度重视。

随后，姚檀栋院士亲自率领专题科考队，与当地人员一起对阿汝 53 号和 50 号冰川的崩塌区和冰崩扇、阿汝错湖岸地貌等进行了细致的综合考察，获取了大量珍贵的数据资料和现场照片（图 3.5）。科考队在现场架设了一台自动气象站，在冰崩扇上架设了测杆，测量其消融速率；同时，还在 53 号冰川出山口处架设自动照相机（朝向冰川），用于监测冰川的运动。

此次野外工作还重点考察了冰崩扇。由于阿汝 53 号冰崩扇形成较早，目前已经强烈融化，科考队对冰崩扇的综合考察工作主要是针对 50 号冰崩扇进行。科考队发现冰崩扇发育有冰崩林、冰崩柱、冰崩墙和冰崩锥等（图 3.6），冰崩墙多发育于冰崩扇中部。冰崩过程中受两侧山体的挤压，造成冰崩扇两侧出现纵向的冰崩墙。冰崩扇分布有较大的冰体，高度超过 10 m，宽约 5 m。

强烈的消融已经在 53 号冰崩扇表面形成了多条河流（图 3.7），流量在 0.3 ～ 0.4 m^3/s，流量最大的一条达到 1 m^3/s。

图 3.5　姚檀栋所长带队对冰崩进行现场考察

3.3.2　第二次野外考察

2017 年 7 月 13 日～ 8 月 1 日，科考队开展了阿汝冰崩的第二次野外考察。姚檀栋院士与美国科学院院士、中国科学院外籍院士、著名冰川学家 Lonnie Thompson 教授和挪威奥斯陆大学 Adrien Gilbert 博士一行，再次前往阿汝冰川进行实地考察，希望能够从动力学机制角度对冰崩的发生和发展过程给予解释。科考队在阿汝 50 号冰川出

图 3.6　阿汝 53 号冰川冰崩扇上发育的冰崩柱 (a)、冰崩墙 (b)、冰崩林 (c) 和冰崩锥 (d)

图 3.7　阿汝 53 号冰崩扇上形成的冰面河流

山口处架设自动照相机（朝向冰川），并在两个冰崩扇表面架设了测杆，以便进一步观测冰崩扇的消融过程和强度。

考察期间，科考队还与阿里地区政府工作人员针对灾害预警、灾后重建等方面进行了深入讨论，两位国外专家也提出了宝贵的意见和建议。2017年7月13日，阿汝冰崩科考队一行抵达拉萨，Lonnie Thompson教授与科考队成员进行了深入探讨，详细了解了阿汝冰崩的灾害特征和当地气候条件，并从古里雅冰芯记录的角度为科考队成员分析了气候变化可能是阿汝冰崩发生的原因之一。7月14日，科考队赶往阿里地区。在阿里地区行政公署，当地政府组织了国土、水利、农牧等相关单位，为科考队详细介绍了当地政府目前获取的冰崩灾害资料以及相对有限的冰崩防灾减灾措施。姚檀栋院士也向当地政府作了冰崩灾害的科学研究报告，谈及了与美国Thompson教授、挪威奥斯陆大学Gilbert博士共同开展冰崩灾害领域研究的设想。这一设想得到了当地政府的大力支持。科考队也向当地政府对科考工作所给予的大力支持和帮助表示衷心的感谢。

7月16日，科考队抵达日土县东汝乡阿汝村，与当地牧民进行了交流，获得了冰崩灾害幸存的目击者对于冰崩发生过程的描述和印象。

7月17日，科考队驱车近5个小时，前往冰崩灾害发生地点——阿汝错湖区，实地考察冰崩灾害的现场特征。Lonnie Thompson教授亲临现场后表示，他尽管在世界各地包括极地地区研究冰川已经长达几十年，但还是对此次冰崩的发生规模和破坏程度极为震惊。长达数千米的冰崩扇直接掩埋了湖岸十几平方千米的优质草场，更为严重的是这种灾害对于冰川的淡水储蓄功能来说简直是毁灭性的。Lonnie Thompson教授认为，冰崩灾害的研究具有十分重要的意义，需要在阿汝错湖区开展更为细致全面的研究工作，包括开展湖芯、冰芯的钻取工作等。

7月18～25日，科考队分为三个小分队，分别从冰崩扇物质平衡观测、浅湖芯钻取和阿汝错湖岸线提取三个内容在冰崩区开展了细致全面的观测工作。此次野外科考深化了冰崩灾害的国际合作，提升了第三极环境灾害研究领域的学术交流，促进了国际合作科研成果的产出。

3.3.3 第三次野外考察

随着第二次青藏高原综合科学考察研究的正式启动，科考队进一步深化和完善了阿汝冰崩考察研究的内容和方案。根据第二次科考的意见，有必要开展阿汝冰川冰芯和阿汝错湖芯的钻取工作，以便获得高分辨率的气候变化信息，揭示冰崩发生的气候背景。2017年9月4～25日，科考队在分队长邬光剑研究员的率领下，对阿汝冰崩地区的冰川和湖泊进行综合考察，钻取冰芯和湖芯，目的是通过冰芯和湖芯的记录，研究冰崩在过去是否发生过，如果发生过，发生时的气候环境条件是什么，从而为冰崩现象的研究提供新线索。同时，科考队还在阿汝错南部的一条冰川（中国冰川编目：5Z412B0014）上架设测杆，监测冰川的物质平衡。

9月13～22日，科考队在阿汝冰川（中国冰川编目：5Z412B0013）海拔6150 m

的垭口处，钻取了1根透底冰芯，长度为55 m(图3.8)。9月21日，出现极强的大风，下午17：30时，大风将打钻帐篷撕裂，无法继续进行冰芯钻取，遂决定撤队下山。钻孔温度未能及时测量。

考察队对阿汝错进行了考察，目标是通过冰芯与湖芯记录的结合，研究过去的气候环境变化。考察队在阿汝53号冰川冰崩扇入湖处的前方，钻取了8.3 m的湖芯；在阿汝错南部不直接受冰川影响的区域，又钻取了1根8.2 m的湖芯，用于同前一根湖芯的对比研究，从而揭示阿汝冰崩事件在过去是否也发生过。目前，冰芯和湖芯样品正在分析中。

图3.8 在大风中搭建阿汝冰川冰芯钻取帐篷(海拔6150 m)

与此同时，新华社记者组团与科考队一起进入阿汝村进行现场报道，并在交通、手续等方面给科考队提供大量的帮助。考察过程中，新华社以《“第三极”冰川科考有望找到冰崩发生新线索》为题，专门报道了此次科考(http：//m.xinhuanet.com/xz/2017-09/28/c_136645906.htm)，增强了第二次青藏科考和阿汝冰崩考察的社会影响力。

3.3.4 第四次野外考察

2017年11月4日，时任国务院副总理刘延东对冰川冰崩的科学预警体系作出了重要指示。科考队随即组织了冰川学和地球物理学方面的专家进行了讨论，计划开展第五次阿汝冰崩综合科考，重点对冰川运动和冰震进行监测研究。此次科考的主要任务是在冰面架设短周期地震仪和高精度cGPS，获得冰川内部的冰震活动和表面运动速度，这两个参数是诱发冰崩的重要因子，以期从物理机制上解释冰崩的发生，为冰崩科学预警体系建立提供基础。此次科考队分队长为邬光剑研究员，执行分队长为赵华标副研究员，成员包括何建坤研究员、裴顺平研究员、王为民副研究员等。

此次考察在阿汝错北部（中国冰川编目：5Z412D0004）和南部（中国冰川编目：5Z412B0014）各选择一条冰川进行考察，包括在北部冰川周边架设短周期地震仪和自动气象站，在南部冰川开展短周期地震仪（包括冰面和冰川边缘）和冰面 cGPS 观测。

此次考察除了采用传统的冰川观测方法外，还首次采用了新技术和新手段（cGPS 和地震仪）来监测冰川，获得了冰川运动的重要信息。此次考察的详细报告见第 5 章。

3.3.5 第五次野外考察

第五次阿汝冰崩野外考察的主要任务是架设短周期地震仪、高精度 cGPS 仪和自动气象站。经过半年多的监测，这些仪器已经记录了大量的数据，需要及时进行分析。为此，阿汝冰崩科考队于 2018 年 7 ～ 8 月开展了第五次野外考察，主要任务是对上次架设的仪器进行维护并下载数据，另外增加了冰川温度和冰川厚度的测量任务（图 3.9）。此次考察仍由第四次野外考察的成员组成，分队长为邬光剑研究员，执行分队长为赵华标副研究员。

此次考察发现，因为南边冰川（中国冰川编目：5Z412B0014）的强烈消融动，在冰川表面形成了流水（图 3.10），上次架设在冰面上的开展短周期地震仪已经出露或进水，说明在目前的野外观测和维护强度下（约为每年两次），将地震仪放置在冰面难以进行正常的监测。因此，在此次考察过程中，考虑到夏季还有一个月的强烈消融期，考察队

图 3.9 阿汝冰川（中国冰川编目：5Z412B0014）的厚度测量

图 3.10　阿汝冰川表面消融形成的流水

决定将冰面的短周期地震仪全部迁出，布设到该条冰川周边的基岩上，增加观测网格的密度。

3.3.6　第六次野外考察

本次野外考察（2019 年 10 月）由执行分队长赵华标副研究员带领，队员包括中科院青藏高原研究所裴顺平、王卫民、王洵、孙权等，还有多名临时聘用人员。考察的主要任务有阿汝 13 号冰川和 14 号冰川物质平衡观测及阿汝错流域自动气象站维护与数据下载，地震仪和连续 GPS 仪器设备的维护与资料下载，并在流域内布设自动拍照相机以观测流域降雪的梯度变化。考察发现，冰川表面积雪较厚，据后期物质平衡计算，阿汝 14 号冰川年度物质平衡（2018/2019 年）为 +299 mm 水当量，表明本年度阿汝错流域冰川为物质正积累状态。

3.3.7　第七次野外考察

第七次阿汝冰崩野外考察（2020 年 9 ～ 10 月）仍延续上一次考察任务，即冰川物质平衡观测、流域气象观测维护、地震仪及连续 GPS 设备的维护与资料下载。本次野外新增了温泉考察，其研究结果可为流域湖泊水量平衡及地热对冰川消融潜在影响提供论证。考察队由执行分队长赵华标副研究员带领，队员有赵平、何建坤、裴顺平、类延斌、王洵等 20 人。考察发现本年度冰川消融强烈，阿汝 13 号冰川和 14 号冰川表面基本都是裸冰，与上一年度形成强烈对比。2019/2020 年度这两条冰川的物质平衡分别为 –508 mm

水当量和 –1206 mm 水当量，表现为冰川物质严重亏损。

3.4 阿汝冰崩的遥感分析

除了野外实地考察外，还通过高分辨率遥感数据（高分、Sentinel-2、WorldView、SPOT7、SRTM DEM、Pleiades DEM、TanDEM、TerraSAR、Corona、Landsat、ASTER 等）反演阿汝冰崩的发生过程。遥感影像的回溯分析发现，阿汝冰崩具有一个长期的孕育过程。早在 2011 年，这两条冰川表面就出现明显的异常形变：①在高海拔积累区，冰面高程下降；而在低海拔的冰川末端，冰层明显增厚。这一现象明显不同于通常的冰川变化（冰川下部减薄而上部相对增厚），使得冰川动力学特征产生明显差异。②冰川后部的横向裂隙在数量和规模上都迅速增加。

与此同时，中国科学家和欧美科学家一起利用高分一号、高分二号、Sentinel-2 等卫星影像详细分析了这次冰崩的特点和可能原因。国际山地冰川与冻土灾害常设组织(Glacier and Permafrost Hazards in Mountains，GAPHAZ) 的科学家小组利用大量卫星遥感数据和计算机模型，仔细调查了 2016 年 7 月 17 日阿汝冰崩事件的发展过程及其规律，认为这次冰川崩塌至少可追溯至 2011 年以来冰体的异常运动和冰川裂隙的发育。针对 53 号冰川冰崩的计算机模拟表明，冰崩扇规模如此之大说明该冰崩的发生与冰床上水的润滑作用有关。分析还发现，53 号冰川南侧的 50 号冰川上部裂隙扩张明显，冰川前端变厚，与 53 号冰川发生冰崩前的特征非常相似，据此推测 50 号冰川近期发生冰崩的可能性很高。科考队将这一消息紧急通知了当地政府。当日晚些时候，当地政府通知说阿汝 50 号冰川发生了冰崩的消息。由于当地政府在第一次冰崩之后就采取了措施，已经转移当地群众，第二次冰崩没有造成人员伤亡。

对第二次冰崩发生前的分析结论和及时预警的成功令人非常振奋。这是一个基础科学、应用科学和灾害管理相互交叉发挥作用的典型案例，具体表现在：①预见性强。阿汝 53 号冰川于 7 月 17 日发生冰崩是极为罕见的一次冰川崩塌事件，引起了全世界冰川学家对该地区遥感影像的持续关注，正因为如此，相邻的 50 号冰川的变化才得以及时引起科学家的关注。②准确性高。科学家利用高分二号、Sentinel-2、TanDEM-X、MODIS 等多源卫星数据，基于冰川的变化历史和当前状态，预测该冰川很有可能发生大规模冰崩。此次预警的成功将产生广泛和积极的影响，不仅将加强各方对青藏高原冰川监测重要性的认识，而且将进一步促使科学家与灾害预警决策人员以及遥感影像服务商等多方建立联系，推动冰崩科学预警体系的建立。

3.5 阿汝冰崩的模拟分析

本书第 1 章介绍冰崩研究方法时，指出采用模型来模拟冰崩的发生，可以在冰崩运动过程的研究中发挥重要作用，以期在机制上揭示冰崩的发生。目前，采用 RAMMS 模型模拟了阿汝 53 号冰川和 50 号冰川的冰崩过程。RAMMS 模型的主要驱

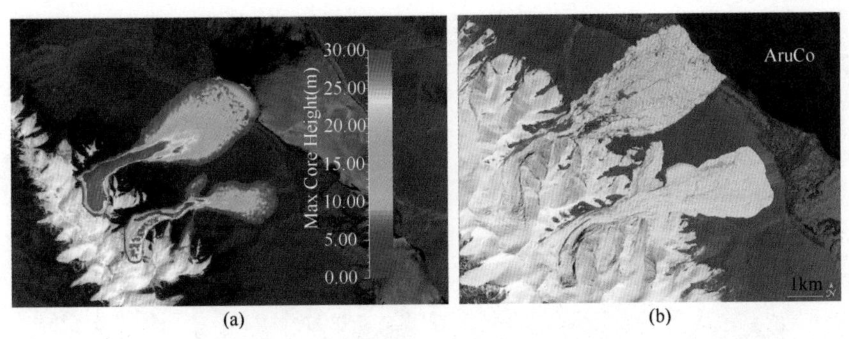

图 3.11　阿汝冰崩 RAMMS 模型的模拟结果（a）与遥感影像（b）的对比

动数据为研究区域的数字高程模型（DEM）和遥感影像。研究中 DEM 数据为 30 m 分辨率的 ASTER GDEM V2，遥感影像来自欧洲航天局 Sentinel-2 卫星和中国的高分卫星。在 RAMMS 模型中，经过大量的参数调试和修正，对冰崩后冰崩扇堆积形态的模拟与遥感影像基本贴合（图 3.11），这反映出 RAMMS 模型适用于阿汝冰崩灾害的模拟。今后将进一步利用 RAMMS 模型来分析主要参数对模拟结果的影响，从而揭示导致冰崩发生以及影响冰崩体运动的主要因素。

此外，对模拟结果中堆积形态的研究发现，冰崩堆积高度与坡度呈现一个明显的反比例函数关系，这种关系也从现场勘察中得到验证（图 3.12）。进一步细分堆积形态，可以把整个冰崩堆积划分成四个区间：冰崩启动区（a 区），其主要特征就是坡度大，但冰崩后堆积高度很小；冰崩加速区（b 区），冰崩体在该区间内加速运动，但堆积高度不大；冰崩过渡区（c 区），位于出山口附近，该区地形渐缓；冰崩堆积区（d 区），主要是冰崩扇，坡度很小，大量的冰崩物质堆积在此处。

利用 RAMMS 模型对模型中主要参数进行分析，发现水在冰崩体的运动过程中起到十分重要的作用。只有基岩中水的体积达到一定数值时，冰崩后的冰体才有可能形成实际的堆积形态（图 3.13）。但模型只是模拟出了这一现象，这些水是如何产生的以

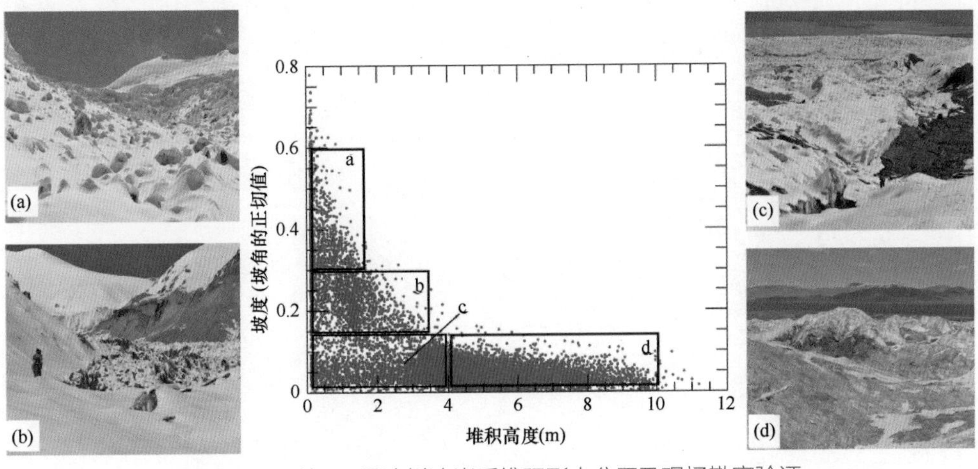

图 3.12　阿汝 50 号冰川冰崩后堆积形态分区及现场勘察验证

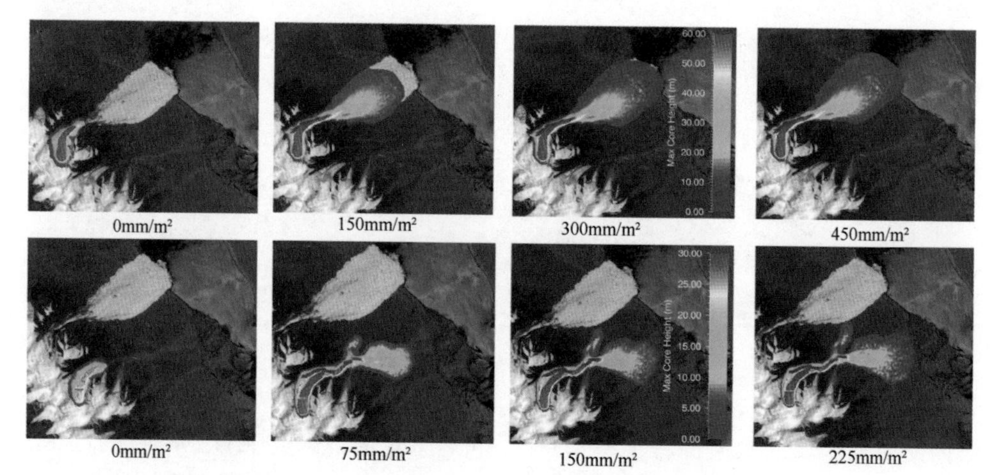

图 3.13 RAMMS 模型模拟水在阿汝冰崩中的作用

数值为基岩中的水的体积（单位：mm/m^2）；上图为阿汝 53 号冰川，下图为阿汝 50 号冰川

及这些水的作用机理是什么，目前还不清楚。整体来看，阿汝冰崩的模型分析才刚刚起步，还需要大量的研究工作。

第4章

阿汝冰崩扇考察

冰崩扇是冰崩发生后冰川物质（包括冰与岩石碎屑）的堆积物，它的堆积和消融直接影响到周边环境，同时也为冰崩过程的研究提供了重要的线索。我们利用遥感手段，估算了冰崩体和冰崩扇的规模，并对冰崩扇消融的面积变化进行监测；同时在两个冰崩扇表面布设了测杆，开展冰崩扇消融强度与过程的实地监测。

4.1 冰崩体和冰崩扇体积的估算

阿汝两次冰崩都形成了巨大的冰川崩塌区，在卫星遥感影像都有明显的表现（图 3.1）。根据 2015 年 9 月 6 日的 WorldView、2015 年 11 月 25 日的 SPOT7、2000 年 2 月的 STRM DEMs 影像与 2016 年 10 月 1 日的 Pléiades DEM 影像的差异，估算了两条冰川的冰崩体（崩塌区）和冰崩扇（堆积区）的体积。这些结果还用冰崩前后的 TanDEM-X DEMs 数据进行了交叉验证。

图 4.1 显示了两次冰崩后冰崩体和冰崩扇高程的差异。根据冰崩前冰川边界确定崩塌区面积，同时结合高程变化，估算冰崩体的体积；根据冰崩扇区的边界和高程差异来估算冰崩扇的体积。对于阿汝 53 号冰川 (2016 年 7 月 17 日)，发现冰崩体体积为 66×10^6 m^3，崩塌区表面高程平均降低了 68 m，最大降低值将近 120 m。阿汝 50 号冰川冰崩体的体积估计为 83×10^6 m^3，崩塌区表面高程平均降低值和最大降低值分别为 81 m 和 145 m。其中，阿汝 53 号冰崩发生与后期的 DEM(10 月 1 日 Pléiades DEM) 有两个多月的时间差。从一系列卫星图像中发现，这期间亏损的冰川又被部分填充，填充物主要是来自冰崩陡峭边缘的物质。假设从侧缘掉进崩塌区的物质没有明显的密度变化，那么从侧缘脱落的物质体积大致等于通过与 Pléiades DEM 对比而计算得出的沉积量。通过在陡峭区之上包含一个 0.2 km^2 的缓冲区来估算进入崩塌区的冰量。结果表明，2015 年多期 DEM 和 2016 年 10 月 1 日的 DEM 间存在显著的高程变化（高达约 20 m)。因此，阿汝 53 号冰崩体的体积应当接近 70×10^6 m^3，其中有 0.7×10^6 ～ 1.5×10^6 m^3 来自后期的崩塌填充，这可以从 2016 年夏季一系列的卫星影像中看出。在上述计算中，冰崩区冰的消融忽略不计。对阿汝 50 号冰崩体积估算，由于后期的影像中提取的 DEM 与冰崩事件的时差只有 9 天，上述影响（崩塌填充和消融）较小可以忽略不计。对冰崩体体积估计的不确定性为 ±2×10^6 m^3。

阿汝 50 号冰川冰崩扇体积大约为 100×10^6 m^3，大大超过了上述 83×10^6 m^3 冰崩体的体积，原因是二者的密度不同，冰崩扇堆积体中存在大量的空隙。这里，假设纯冰的密度为 900 kg/m^3，冰崩扇密度为 750 kg/m^3，这对于冰体混杂物组成的冰崩扇堆积物来说是相对合理的。这些估计值不考虑融水排泄造成的物质损失 (Kääb et al.，2018)。

对于阿汝 53 号冰川冰崩，根据当年 10 月 1 日的卫星影像，估算的冰崩扇现有的体积为 33×10^6 ～ 36×10^6 m^3，远低于估计的 68× 10^6 ～ 69×10^6 m^3 的冰崩体的体积。这种差异可以用两个因素来解释：冰崩扇冰体的消融和冰崩体与冰崩扇的密度差异。首先，校正了 2016 年 10 月 1 日前阿汝错冰崩扇的消融量。对于这些消融量，把 10 月 1 日沉积物的厚度湖岸线方向外推了 8 m，作为冰崩扇入

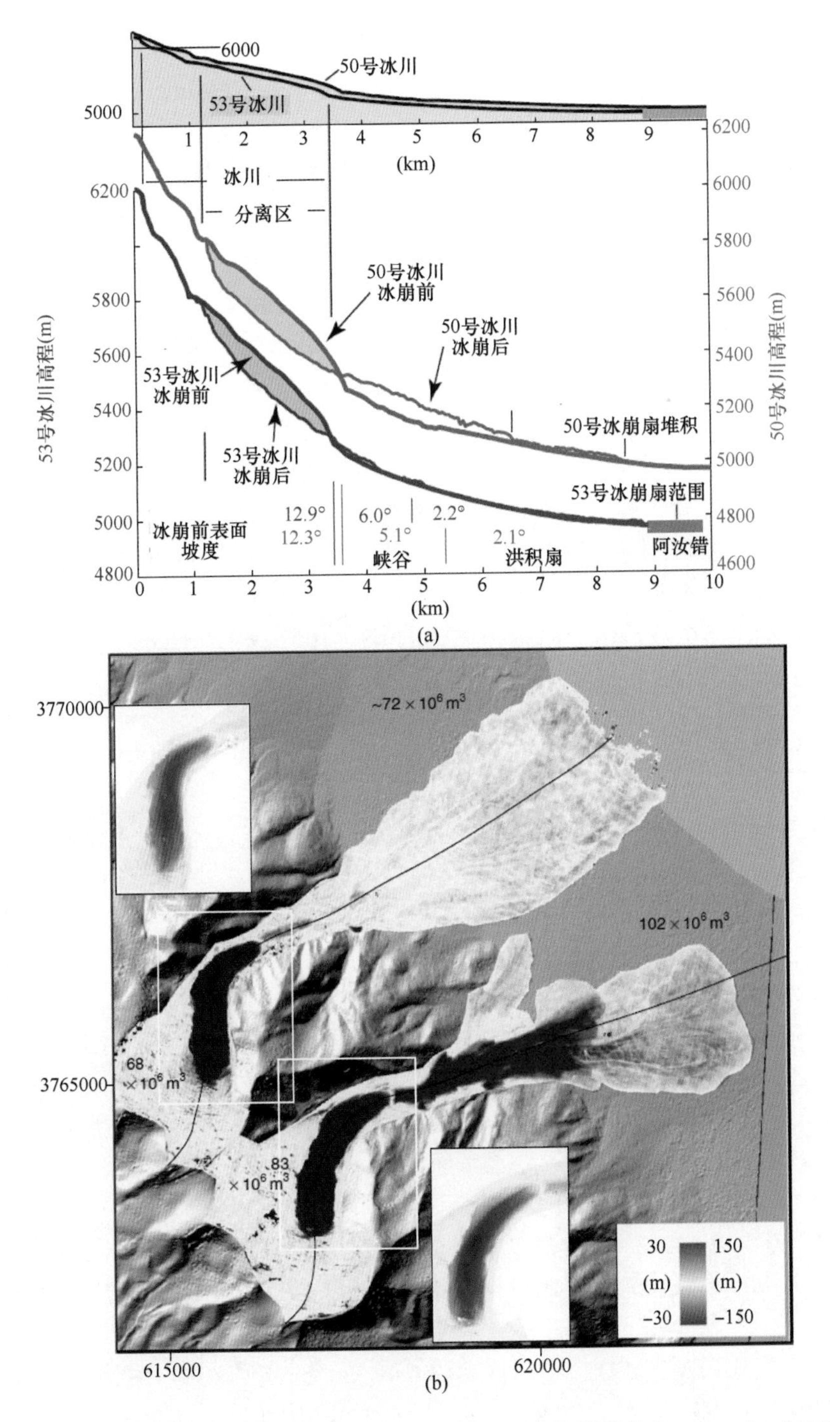

图 4.1　阿汝冰崩的冰崩体和冰崩扇的几何形状和厚度变化幅度（Kääb et al.，2018）

(a) 阿汝 53 号冰川和 50 号冰川冰崩体与冰崩扇在不考虑和考虑垂向放大的情况下的纵向剖面；(b)2015 年 11 月 25 日 (SPOT7 与 TanDEM-X 合并）与 2016 年 10 月 1 日 (Pleiades) 之间的高程变化（图中的坐标轴为通用横墨卡托格网系统，即 UTM)。冰崩体和冰崩扇区域采用了两种不同的颜色梯度来表示（主图为 ±30 m，子图为 ±150 m)。特别注意到阿汝 50 号冰崩扇上游与下游以及下游内部的堆积厚度的明显阶梯差异。图中的数字代表冰崩体和冰崩扇的体积湖部分，其能够弥补大约 5.5×10^6 m^3 的冰量。采用度日因子方法估算冰面消融量，分别使用了狮泉河站、NCEP-NCAR 再分析资料和 ERA-Interim 再分析资料的气象数据驱动度日模型，所有的数据使用 6.0×10^{-3} ℃ /m 的温度递减率并校正到 5000 m 的海拔。2016 年 7 月 17 日～ 10 月 1 日，估算的消融量分别为 5.0 ～ 8.6 m w.e.（使用狮泉河站数据；不同度日因子范围对应的消融量范围）、2.0 ～ 3.5 m w.e.（使用 NCEP-NCAR 再分析资料）和 2.3 ～ 3.9 m w.e.（使用 ERA-Interim 再分析资料）。由后两种再分析资料计算的消融量大致与阿汝冰川北部距离 15 km 的冰川 (2009 ～ 2014 年）末端高程下降量 (2.5 m/ 年）一致。由于狮泉河站处于一个“温暖”（相对于阿汝地区）的环境，外推狮泉河站气象数据驱动模型会给出不合理的结果，从而导致消融量被高估。

因此，2016 年 7 月 17 日～ 10 月 1 日冰崩扇的消融量为 3 m w.e.，这是一个合理的估计值。对于 8.2 km^2 的面积（根据 7 月 21 日 Sentinel-2 影像计算的冰崩扇面积），其相当于大约 2.5×10^{10} kg 的物质亏损量，采用前面提到的 750 kg/m^3 作为冰崩扇的密度，就得到 33×10^6 m^3 的消融量。这样，阿汝 53 号冰崩扇的总体积为 72×10^6 m^3，考虑到冰崩扇堆积体存在空隙，这一结果与估计的 68×10^6 ～ 69×10^6 m^3 的冰崩体的体积相吻合 (Kääb et al.，2018)。

4.2 冰崩扇面积变化的遥感观测

阿汝 53 号冰川冰崩后形成面积约 8.69 km^2 的冰川碎屑区［图 4.2(a)，2016 年 7 月 25 日］，由于后期融化，该冰川碎屑区的面积逐渐减少为 7.59 km^2(2016 年 10 月 7 日）、7.14 km^2［图 4.2(c)，2016 年 12 月 21 日］。进入冬季后，气温基本在 0℃以下，该冰崩扇消融停止，面积保持为 7.16 km^2［图 4.2(d)，2017 年 5 月 10 日］，到 2017 年 5 月基本未发生变化。随着气温的升高，冰川碎屑不断融化，冰崩扇面积逐步减少为 7.02 km^2［图 4.2(e)，2017 年 6 月 27 日］、5.48 km^2［图 4.2(f)，2017 年 7 月 29 日］、4.33 km^2［图 4.2(g)，2017 年 8 月 30 日］。特别是到 2017 年 8 月，53 号冰川冰崩扇靠近冰川的部分（即冰崩扇西侧部分）基本已经融化殆尽，冰崩扇东侧部分也仅有少量冰体存在。到 2017 年 9 月，冰崩碎屑物基本融化，面积减少到约 2.66 km^2［图 4.2(h)，2017 年 9 月 15 日］，此后面积又减少到约 1.37 km^2［图 4.2(i)，2017 年 10 月 4 日］。到 2017 年 11 月以后，由于气温下降到 0℃以下，冰崩扇面积基本保持在 0.98 km^2［图 4.2(j)，2017 年 11 月 20 日；图 4.2(k)，2017 年 12 月 4 日］（图 4.3）。

阿汝 50 号冰川发生冰崩，第一次形成 6.48 km^2 的冰崩扇区，紧接着第二次冰崩在第一次冰崩扇之上形成了约 1.97 km^2 的冰川碎屑区［图 4.2(b)，2016 年 10 月 7 日］。整个冰崩扇区到 2016 年 12 月 21 日，面积减小为 6.21 km^2［图 4.2(c)，2016 年 12 月 21 日］。此后由于气温基本在 0℃以下，该冰崩扇的面积一直到 2017 年 5 月基本未发生变化，保持在 6.15 km^2［图 4.2(d)，2017 年 5 月 10 日］。随着气温的升高，冰川碎屑开始融化，冰崩扇面积逐步减少为 6.08 km^2［图 4.2(e)，2017 年 6 月 27 日］、

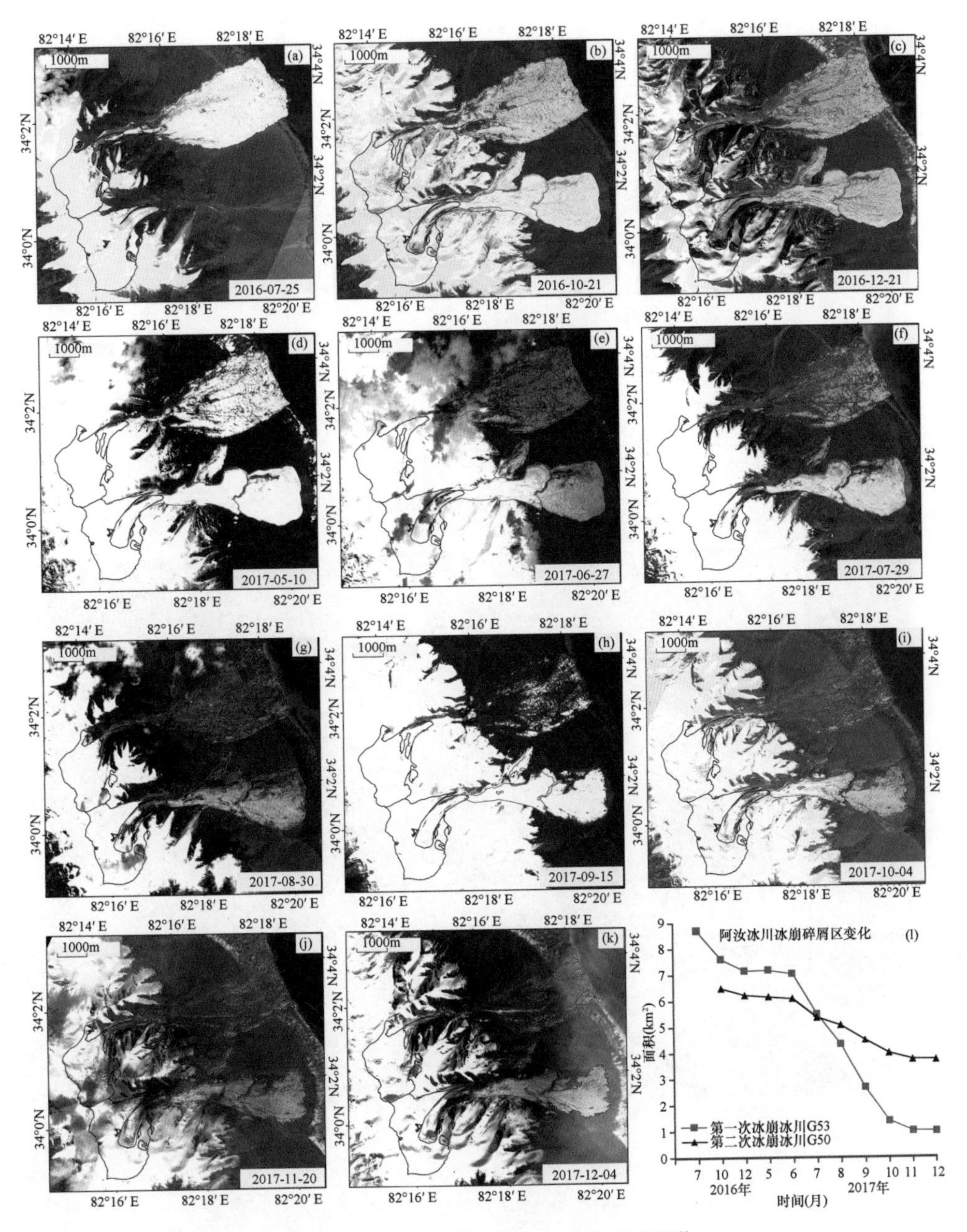

图 4.2　阿汝冰崩扇的面积变化的遥感影像

5.35 km^2［图 4.2(f)，2017 年 7 月 29 日］、5.05 km^2［图 4.2(g)，2017 年 8 月 30 日］、4.49 km^2［图 4.2(h)，2017 年 9 月 15 日］、3.99 km^2［图 4.2(i)，2017 年 10 月 4 日］。特别是到 2017 年 7 月，该冰崩扇分解为 3 个区域；到 2017 年 10 月，该碎屑区分解为 4 个区域；到 2017 年 11 月以后，由于气温下降到 0℃以下，冰崩扇的面积基本保持在 3.73 km^2［图 4.2(j)，2017 年 11 月 20 日；图 4.2(k)，2017 年 12 月 4 日］。整体上，从 2016 年 9 月冰崩后到现在，50 号冰川冰崩扇的面积减少了 43%(图 4.3)。

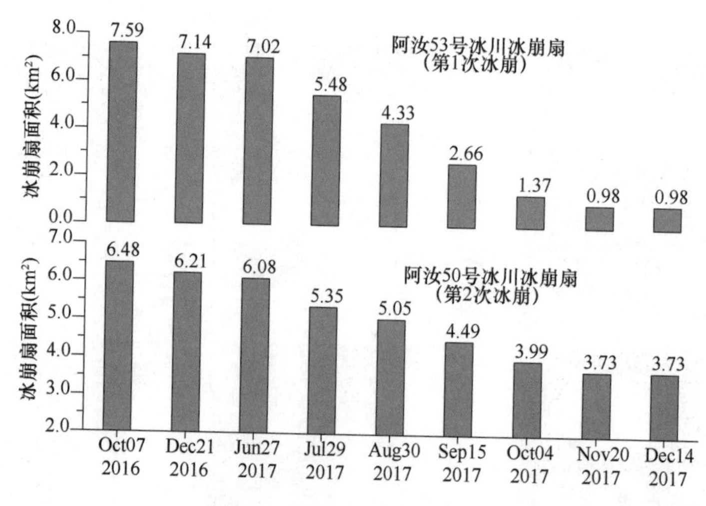

图 4.3 阿汝冰崩扇面积变化

图 4.4 阿汝冰崩扇的消融速率

红色为 2016 年 10 月 4 日～ 2017 年 7 月 24 日的数据（2016 年 10 月 4 日架设的测杆）；黄色为 2017 年 7 月 24 日～ 9 月 24 日的数据（2017 年 7 月 24 日架设的测杆）

4.3 冰崩扇消融强度的测杆观测

为了确定冰崩扇的消融速率，科考队分别在 53 号和 50 号冰川冰崩扇上架设了测杆，开展冰崩扇消融强度与过程的监测。通过在不同时段测量测杆的出露长度，获得这一时段内冰崩扇的消融强度（图 4.4）。2016 年 10 月科考队在阿汝冰川第一次冰崩的 53 号冰川冰崩扇共布设 6 根消融测杆。2017 年 7 月 24 日再次观测时发现，表面仅保留 1 根测杆（海拔 4992 m），其他测杆全部倒伏。通过仅剩的 1 根测杆的数据对比，发现在过去的 9 个月内，该观测点冰量减薄了约 3.15 m，如果以冰的密度 860 kg/m^3 计算的话，则减少的水当量约为 2.7 m；如果以冰屑混杂物密度 750 kg/m^3 计算的话，则减少的水当量约为 2.4 m。这一数据与野外考察时直观感受到的冰崩扇的强烈消融相一致。

2017 年 7 月 24 日进行野外考察时还发现，冰崩扇很多地点的冰体已经消融完毕，露出黑色的松散碎屑物质，混杂着冰川融水，给冰崩扇观测造成了很大的不便（图 4.5）。同时，冰崩扇表面起伏明显，其间被数十条沿冰崩扇纵向分布的冰川融水通道所分割，形成纵向的河流流向阿汝错。整个冰崩扇体已不再被完整的冰体覆盖，反映出冰崩扇表面显著的差别性消融（图 4.6）。

(a)　　(b)

图 4.5　2017 年 7 月 24 日对 53 号冰崩扇考察时的照片

(a) 显示冰川消融表面及河道的形成；(b) 显示冰崩扇基底已经出露

图 4.6　53 号冰川冰崩扇表面支离破碎的形态（2017 年 7 月 24 日摄）

对于第二次发生冰崩的50号冰川，2016年在冰崩扇表面布设了4根测杆，2017年7月监测时，这4根测杆均在冰面保留，反映出50号冰川冰崩扇的消融强度明显小于同期的53号冰川冰崩扇。通过两期测杆出露高度数据的对比，发现2016年10月～2017年7月24日，沿50号冰川冰崩扇横断面的冰体消融量为1.9～2.4 m（除非有特别的说明，本书所指的消融量均为冰量），相当于损失水当量1.6～2.1 m（以冰的密度860 kg/m^{3}计算）。考虑到两个冰崩扇体较大的消融量，2017年7月将两根3.8 m的测杆相连接，利用蒸汽钻打入冰体内部（图4.7），从而保证到下一次考察时测杆不会倒伏。

图4.7 利用蒸汽钻在50号冰川冰崩扇表面进行消融测杆的布设工作
背景显示出50号冰川冰崩扇较为完整

2017年9月24日，再次对两条冰崩扇表面的测杆进行测量，获得了2016～2017年一个完整年份的冰崩扇消融强度数据。对比7月的数据发现了两个基本事实：第一，与前期结果不同，除个别测杆外，这两个冰崩扇的消融量正逐渐接近。2017年7月24日～9月24日，53号冰川冰崩扇3根测杆的消融量分别达到2.95 m、3.1 m和4.17 m，而同期的50号冰川的消融量为3.2～3.4 m，说明50号冰川冰崩扇的性质（表面污化程度、内部密度、含水量等）正逐渐与53号冰川冰崩扇相一致，两者冰川消融量也逐渐接近。第二，由于50号冰川冰崩扇冰体较厚，整个冰崩扇的消融量空间上较为一致，均为3 m的量级，但53号冰川冰崩扇则由于表面形态已经发生了较大的改变，不同地点冰体的消融强度呈现明显的不同，最高的消融量达到4.17 m，而最小的仅为3 m左右。

2018年7月24日，在进行野外考察时发现，两个冰崩扇上所有的测杆已经全部倒伏，说明冰崩扇的消融已经超过了测杆的测量极限。因此，不能得到准确的消融强度，但是仍旧可以计算出2017年9月底到2018年7月底，两次冰崩扇冰体最小的消融量。假设 2017 年 9 月底架设的测杆于 2018 年 7 月底全部出露，那么这些测杆当时的埋藏深度就是冰崩扇的最小消融量。2017 年 7 月 24 日～ 9 月 24 日，53 号冰川冰崩扇 3 根测杆的消融量分别达到 2.46 m、3.35 m 和 4.65 m，不同观测点表面消融呈现明显的差异；而同期的 50 号冰川冰崩扇的消融量为 3.8 ～ 4.1 m，各个观测点比较接近。53 号和 50 号冰川冰崩扇的平均消融量分别为 3.5 m 和 4 m（水当量的损失分别为 3 m 和 3.4 m），较为接近。2018 年 7 月，科考队在阿汝 50 号冰川冰崩扇共布设 6 根消融测杆，用于对冰崩消融的进一步观测（53 号冰川冰崩扇已经几乎没有冰体，停止消融观测）。

第一次冰崩冰体（53 号冰川）已经基本消失，由于表面碎屑物质的覆盖，只有几个地方存在少量的冰体。冰崩冰体消失后，该次冰崩事件对该地区的影响依旧存在，冰崩遗留的碎屑物质导致了该地区道路的不通畅，造成牧民放牧的不便利。冰崩碎屑物质间夹杂着河流，河水来源于上游冰川融水，冰崩扇地区极厚碎屑物质下面遗留冰体融水以及冻土融水，河流两侧比较平坦。相比 2017 年 9 月，河道的宽度有一定的增加，随之，河流两侧平坦区域也有扩大。河流对冰崩遗留碎屑物质起到了强烈的冲刷作用，河流将碎屑物质带到美马错，说明河流对地貌形态的改造具有重要而快速的影响。这预示着在风化作用下，河流会不断降低该地区冰崩碎屑物质的高度以及宽度，该过程经过较长的时间，可能会使得冰崩遗留的痕迹完全消失。

整体上，50 号冰川冰崩扇体较为完整，表面仅偶尔有纵向融水河道发育，冰崩扇冰体仍较厚，如一些较大的冰崩锥仍较为发育（图 4.8）。但是经历了 5 ～ 7 月的强消

图 4.8　阿汝 50 号冰川冰崩扇表面的地貌形态 (2017 年 7 月 24 日摄)

(a) 和 (b) 湖泊形成；(c) 冰下融水通道；(d) 表面高大冰崩锥体

融过程，50 号冰川冰崩扇表面的消融迹象也非常明显，冰崩扇表面已经发育了大量的消融湖泊（图 4.8），同时在冰崩扇的两侧及末端均可见大量的融水通道。随着冰川表面的强烈消融，一些混杂在冰体内的砾石和碎屑物质不断地在冰面积累，从而使得冰川表面的污化程度正在逐渐增加，进一步降低了冰面反照率，提高了太阳辐射的吸收能力，促进了冰崩扇体的消融。

4.4 冰崩扇快速消融的原因探讨

利用两期测杆出露高度变化数据简单的算术加权平均，即可获得两个阿汝冰崩扇表面的消融量及其变化幅度（图 4.9）。53 号冰川冰崩扇冰体减薄量达到 6.88 m 左右，而 50 号冰川冰崩扇也达到 5.52 m。53 号冰川冰崩扇的消融具有很大的空间差异性，50 号冰川冰崩扇由于冰体较厚且表面性质相对稳定，所以消融强度的空间变化较小。

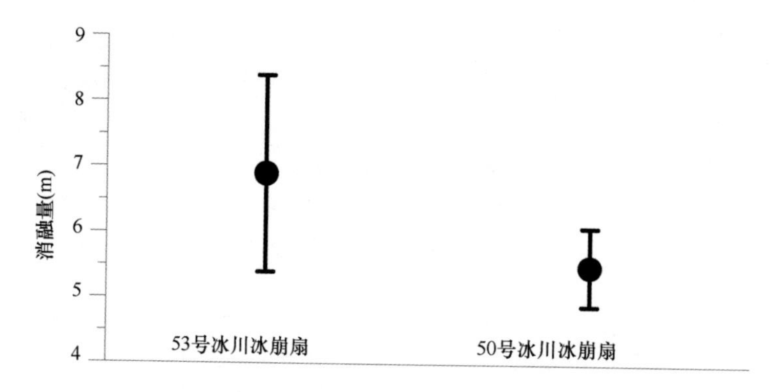

图 4.9　阿汝 53 号和 50 号冰川冰崩扇表面消融量对比（2016 年 10 月～2017 年 9 月）

两个冰崩扇均位于海拔 5000 m 处，呈现出如此强烈的消融，超出了我们原先对冰崩扇体消融速率的估计。在水热发育条件较好的藏东南地区，根据对藏东南然乌湖帕隆 4 号冰川表面和帕隆 12 号冰川（均为海洋性冰川）表面 5000 m 的观测，冰体的年均损失量也仅在 2 m 左右。在如此极端干冷的气候条件下，阿汝冰崩扇的消融如此强烈可能主要有以下几个方面的原因。

第一，冰崩扇冰体与冰川冰体在物理性质方面存在本质的差别。冰崩体由于在重力的作用下发生破碎并被搬运，一方面冰体破碎使得冰体密度明显减小；另一方面冰崩过程中夹杂着大量的碎屑物质，冰川内部组成结构也发生明显的改变，从而使得大量的热量可以通过空隙进入冰体内部，从而促进了冰川的消融。如图 4.8 所示，冰崩扇不再是整块冰体，而是由无数大小不同的小冰块及冰碎屑所组成。

第二，相比普通的冰川表面，冰崩扇体表面的污化现象非常明显，尤其是阿汝 53 号冰川冰崩扇。表碛物质的覆盖导致冰川表面的反照率降低，从而吸收更多的太阳辐射，加强了冰川表面的消融，而消融过程的加剧又导致冰崩扇内更多的碎屑物质融出，进一步降低反照率，起到一个加速消融的正反馈作用。冰崩过程中夹杂大量的岩石和土壤碎屑物质，显著增加了冰崩扇表面的污化程度（图 4.10）。而冰崩扇消融之后，遗留下了大量的深色砾石和碎屑物质（图 4.11）。根据以往在表碛覆盖区的观测经验，如果黑色碎屑物质的覆盖厚度达到 2 cm 左右，则冰川表面的反照率可以低到 0.1 以下。阿里地区拥有较强的太阳辐射，因此大部分的太阳辐射能量被污化的冰崩扇吸收。此外，冰崩扇表面起伏不平，增加了实际暴露面积，从而有助于加强消融。

第三，冰崩扇区降雨相对较多，其对于冰崩扇表面性质和消融强度的改变不容忽视。液态雨水一方面可以提供大量的消融能量，另一方面可以迅速改变松散冰体的内部结

(a)　(b)

图 4.10　冰崩扇体大量表碛物质融出 (a) 和冰川扇与背景冰川颜色的对比 (b)

图 4.11　阿汝 53 号冰川冰崩扇消融后堆积的大量深色砾石和碎屑物（2018 年 1 月摄）

构。根据阿汝 50 号冰川冰崩区附近自动气象站点的降水数据，2016 年 10 月～ 2017 年 7 月，降水量已经达到 270 mm，其中降水主要集中在消融期的 6 ～ 7 月，6 月以来的降水量达到 200 mm。在冰崩扇表面进行考察作业时，经常遇到暴雨，急促的雨水马上渗入冰崩扇内部，从而加速冰体内部排水系统的形成及加强冰体内部的消融。

第四，还有一个可能的重要原因则是气温的贡献。自动气象站点处的气温资料显示，从 2017 年 5 月 7 日起，冰崩区连续多日出现了日均气温高于 0℃的情况，这就意味着冰川表面开始大范围的消融。到 7 月中下旬，自动气象站记录显示，冰崩区的日均气温能达到 9℃左右。因此，夏季温度较高也可能是导致两个冰崩扇体快速消融的重要原因。

第5章

阿汝冰川的运动与冰震考察

上述阿汝冰崩的考察研究大都基于实地考察和遥感资料的分析。根据基本的力学原理，冰崩的发生将经历冰体（特定部位）微破裂的发生、扩展，最终在重力作用下失稳。如何从物理机制上研究冰崩的发生是一个重要的科学问题。2017 年 12 月，科考队克服严寒（最冷达到 –29℃），顺利完成了阿汝冰川 cGPS 和短周期地震仪的架设。这是之前青藏高原冰川观测所没有过的新技术新手段，其拓展了中国冰川观测研究的内容，获得了反映冰川运动的重要信息。

5.1 区域踏勘和选址

本次冰崩科考分两个阶段：① 2017 年 12 月 11 ～ 24 日，主要为区域性踏勘和冰川综合调查，重点考察这些冰川的宏观特征、末端形态、表面形态，为阿汝冰川运动和冰震观测选址；② 2017 年 12 月 25 日～ 2018 年 1 月 8 日，在选定地点进架设 cGPS 基站与短周期地震仪。在区域踏勘阶段，科考队员对阿里地区东起阿汝错西至泽错的主要冰川开展实地调查（具体路线见图 5.1)，具体内容如下。

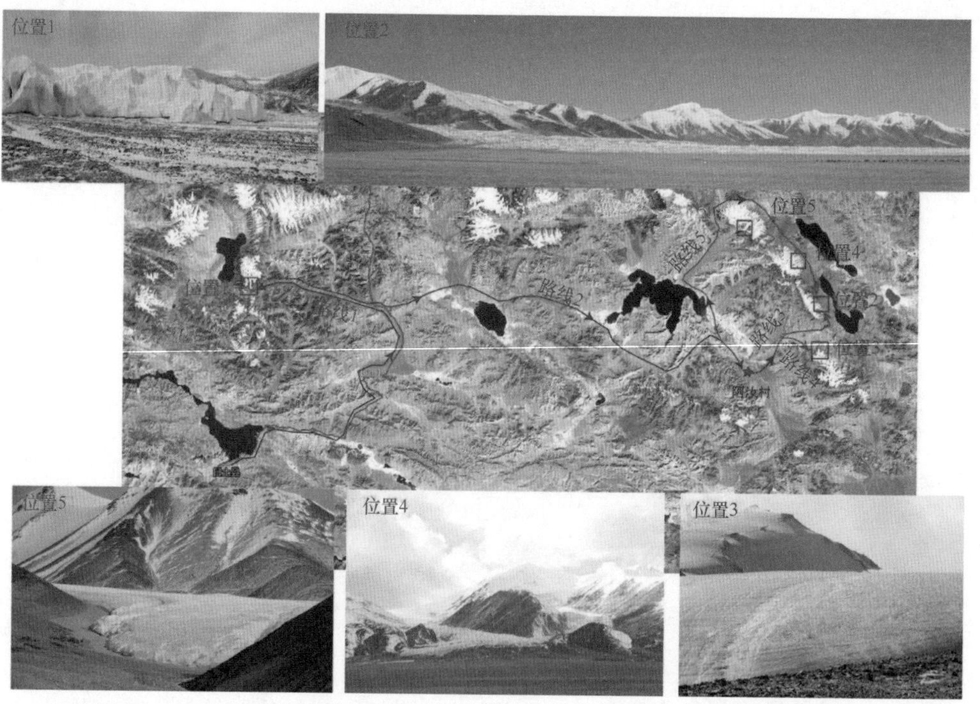

图 5.1 2018 年 12 月阿里地区阿汝冰崩区野外科考路线图及重点考察的位置

2017 年 12 月 15 日：从阿里到泽错（路线 1)，通过对泽错冰川野外观测发现，该冰川末端冰体裂缝发育，在距末端数千米部位的冰川表面布满冰裂隙，使得在冰川表面开展工作极不方便，也十分危险。因此，该冰川目前不适合开展相关的观测工作。

2017 年 12 月 16 日，科考队先遣队员从阿汝村出发到达阿汝冰崩区（路线 3)，重点考察 50 号和 53 号冰川冰崩扇（位置 2) 形态特征、生态影响、残留冰体性状等。经过一年多的消融，两个冰崩扇已经发生了较大的变化。50 号冰川冰崩扇（原长 5.7 km，宽 2.4 km，面积 9.4 km^2）已经所剩无几（图 5.2），取而代之的是消融后遗留在原地的砾石和碎屑物。

53 号冰崩扇（原长 4.7 km，宽 1.9 km，面积 6.5 km^2）的形态也发生了显著的变化（图 5.3），冰崩扇内再也没有巨大的碎冰块，在冰体边缘到原未破坏的草地间已经存在平均大于 50 m 的消融带，布满了砾石和干黏土，表明 53 号冰川的冰崩扇也已经强烈萎缩。

2017 年 12 月 24 日，考察队从阿汝村出发，经鲁玛江冬错东南缘、骆驼湖南、美马错南，到达阿汝冰崩区北侧（路线 5），重点考察美马错 – 阿汝错南侧大量冰川群（图 5.1 位置 5、位置 4、位置 2）。沿着路线 5，在骆驼湖—美马错—阿汝错南侧山坡发育大量冰川群（图 5.4），冰川群和湖区间是优质夏季牧场，对这些冰川潜在灾害的

图 5.2　阿汝 50 号冰川冰崩扇变化特征

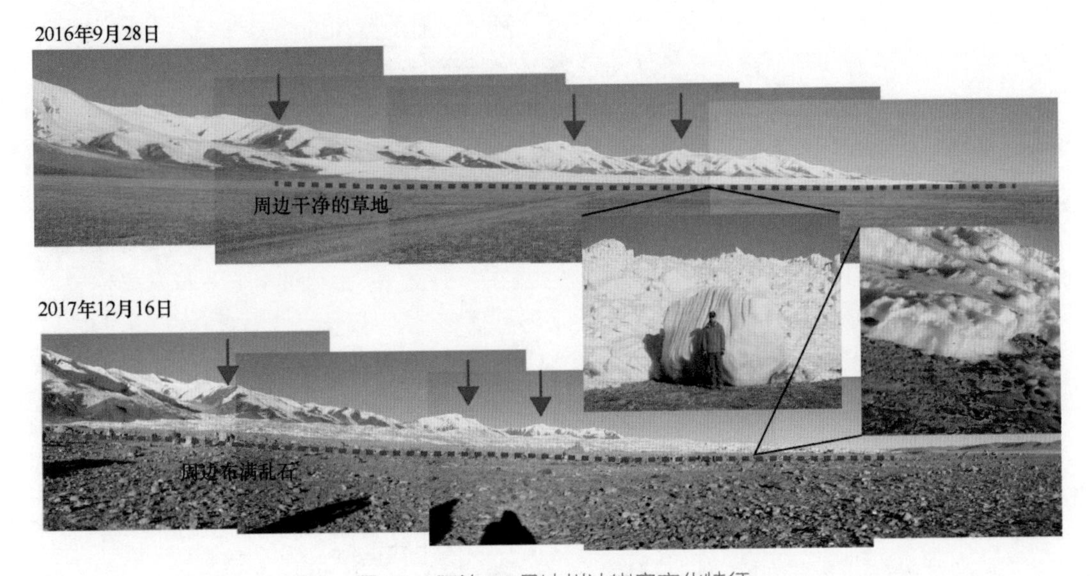

图 5.3　阿汝 53 号冰川冰崩扇变化特征

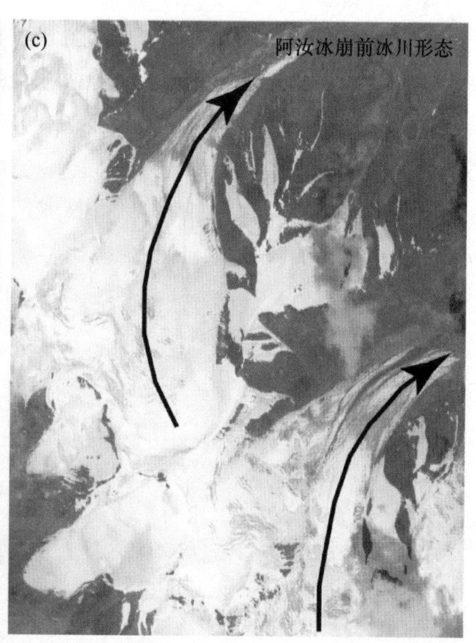

图 5.4 美马错南侧冰川群全貌及一些冰川形态与阿汝冰崩冰川对比

科学评估对当地牧民具有重要的现实意义。通过野外踏勘（图 5.1 中的位置 4），发现在这些冰川群中有些冰川在其形态特征上与阿汝冰崩的两条冰川有相似之处：①一些冰川的末端在地形梯度上相对沿直线发育，但其上部的补给区均向山体内部发生弯曲，这预示冰川大量冰量集聚在高位能区；在冰川群中（图 5.1，位置 4），一些冰川末端形态存在冰面高程陡变［图 5.4(b)］，存在重力不稳定因素。②在这些冰川的顶部，均发育有大量的横向裂隙［图 5.4(b)］。这些裂隙与发生冰崩的阿汝冰川有共同之处，是否反映冰川的快速运动或异常变化，还要做深入调查。

基于上述一些特征，以及这些特征与阿汝发生冰崩的冰川的相似性，科考队认为，在骆驼湖—美马错—阿汝错一带的冰川群中，仍然有部分冰川存在发生崩塌的潜在危险。

在美马错南侧，一些冰川因运动速度快、冰川发生破裂和异响等现象，当地牧民认为其可能会发生类似于阿汝冰崩的灾害事件（图 5.1 位置 2）。为此，科考队开展了野外调查和冰震监测仪器（短周期地震仪）密集布设（具体见冰震监测野外科考报告内容）。根据不同时期的遥感影像，发现阿汝错北部的一条冰川（中国冰川编目：5Z412D0004，冰川末端位置 34.157°N，82.226°E，5172 m）自 1985 年来其末端位置发生了复杂的消长变化：1985 ～ 2000 年，冰川总体萎缩、末端后退；自 2000 年后，该冰川末端一直处于相对快速前进的状态。通过野外调查发现，该冰川的末端实际由两条冰川汇合而成，且在高程上西北侧冰川明显高于东南侧冰川（图 5.5）。相对快速的运动和差异融化使得这两条冰川的冰面极为破碎，形成了起伏十分复杂的冰塔林，至少延绵 2 km（图 5.5）。野外踏勘表明，在该冰川表面布设观测仪器难度极大，危险性高，而且其运动速度快且不易维护，不适合进行冰面运动速度观测。

通过对该冰川末端的详细观测发现：①该冰川的冰 – 岩接触部位发育了厚达 20

余米的冰体和岩屑交互层，发育于其上的冰体均分布有水平剪切的 X 型冰裂隙；②在冰－岩接触带，冰层和岩屑层呈明显的互层状（图 5.5，图 5.6），其中岩屑层内的岩石碎块分选、磨圆差，但充填于碎块间的基质却呈粉末状（图 5.6），表明岩屑在冰川运动中可能经历了强烈的滑移，使土质基质被碾压破碎至粉末；③介于岩屑层间的冰层内发育有大量微小、密集、连通性差的并行纹理（图 5.5），属于典型的冰川底面摩擦所形成的叶理 (foliation)，表明该冰川经历了强烈的运动。因此，这条冰川是进行冰震观测的理想地点，科考队决定在其末端周边布设 10 台短周期地震仪。

图 5.5　阿汝北部冰川（中国冰川编目：5Z412D0004）末端的主要形貌特征及冰－岩接触带结构

图 5.6　冰－岩接触带详细结构特征

12 月 25 日，考察队从阿汝村出发，向东北往阿汝冰崩方向到达南部的观测冰川（路线 4），重点考察阿汝错最东南侧冰川群中编号为 5Z412B0014（冰川末端位置 33.856°N，82.300°E，5400 m）的冰川（位置 3），以开辟科考冰川的野外路线，并调查该冰川形态、冰川表面特征以及布设 cGPS 和地震仪的可能性。经过踏勘［图 5.7(b)］

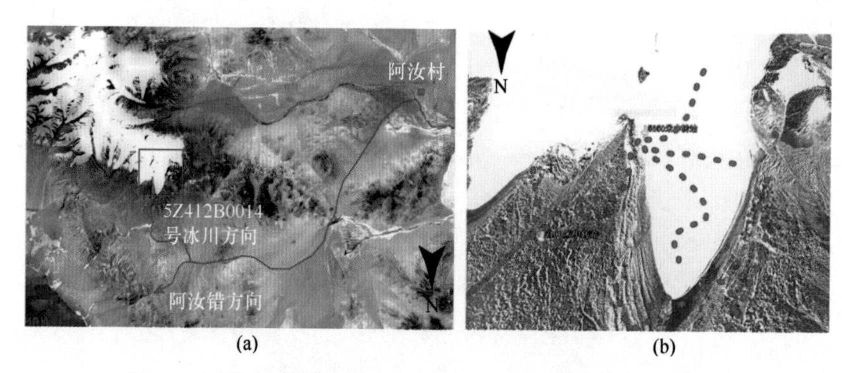

(a) (b)

图 5.7 阿汝村东侧编号 5Z412B0014 冰川的野外踏勘路线图

发现，这条冰川易于接近，四驱越野车能直接到达海拔 5500 m 处，方便观测仪器的运输，冰川表面平坦，冰裂隙（宽 10 ~ 30 cm）很少，是观测冰川运动和冰震的理想地点，进而确定了冰川表面观测仪器的布设方案。

5.2 阿汝冰川运动考察

经过踏勘后，选定了两条冰川作为重点监测对象。其中，北部的冰川（中国冰川编目：5Z412D0004）因表面破碎，只在其末端周围架设短周期地震仪和自动气象站；南部的冰川（中国冰川编目：5Z412B0014）冰面平缓，同时在冰面开展 cGPS 和地震仪的架设（后期考察中架设了雨量筒）。此次考察将获得 cGPS 观测到的冰川表面位移数据及根据该数据分析获得的冰川运动图像，获得冰震监测连续波形数据及分析获得的冰震分布图（包括冰震发生的时间、地点、强度等信息），预期揭示冰川运动和冰震的季节性变化特征、典型冰震的破裂机制、冰川运动过程的模拟及温度、降水对冰川运动的影响等。

5.2.1 cGPS 观测目标

2017 年 12 月，本次科考完成了 8 台 cGPS 在冰川表面的架设，期望达到以下科学目标：①冰川是如何运动的？②冰川的运动如何随降水、温度、山谷地貌等的变化而变化？③冰川内部破裂（冰震）有没有季节性？机制是什么？④如何评价下一条冰川发生崩塌的潜在危险性？

5.2.2 总体布设构架

5Z412B0014 号冰川位于阿汝错东南缘冰川群中的最西侧（图 3.4）。该冰川总体呈南北向分布，南北长约 5 km，东西宽约 1 km，冰川末端指向北，冰川分布高程主要在

5400 ～ 6000 m。沿着流动方向，该冰川在 5650 ～ 5750 m 有一高程陡变带，这可能与原始地形有关，但也有可能与冰川物质补给区的汇聚方式有关。为了避开该高程陡变带可能存在的运动差异，分别在其上（高程约 5750 m）和下方（5500 ～ 5600 m）冰面布设了观测点（表 5.1 和图 5.8）。观测仪器总体布设的原则如下：一是要系统揭示在冰川流动方向上不同高程处速度的特征；二是在垂直于冰川的流动方向上，还要揭示冰川中部和两侧的运动差异性。基于这两个原则，科考队在冰川 5600 ～ 5760 m 高程范围内共布设了 8 台 cGPS 基站。这是迄今为止我国在青藏高原冰川上首次开展高密度（各基站间最短距离仅约 200m）、连续（采样频率为 30s）、高精度（静态观测误差为 3 ～ 5 mm/ 年）GPS 观测系统。

表 5.1　冰川表面 cGPS 台站安装位置

编号	纬度 (°N)	经度 (°E)	高程 (m)
AR01	33.84439	82.29940	5638
AR02	33.84426	82.29439	5637
AR03	33.84592	82.29687	5619
AR05	33.84251	82.29497	5656
AR06	33.84756	82.29815	5598
AR08	33.84133	82.29978	5667
AR09	33.83522	82.29321	5754
AR10	33.84363	82.29732	5648

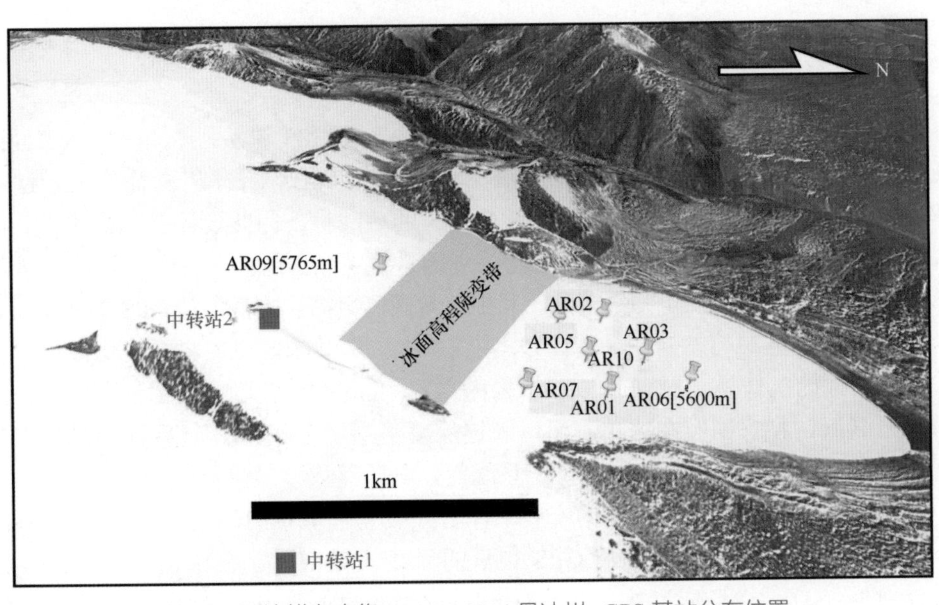

图 5.8　阿汝错东南缘 5Z412B0014 号冰川 cGPS 基站分布位置

在各基站（图 5.9），该观测系统的观测设备由 GPS 接收机（美国 Trimble NetR9）和 GPS 天线（美国 Trimble Zephyr Geodetic Ⅱ）构成。该系统支持接收多卫星系统（GPS、GLONASS、BDS、GALILEO）信号，可接收伪距（C/A 码，P 码）、各频率全周载波相位（L1\ L2\L5\L2C）、GLONASS L3CDMA 信号、BDS B1\B2 信号，固件升级后可接收 GALILEO E1\E2\E6 信号；具有 30s、1Hz、50Hz 等采样频率（可调）；支持文件在固化内存≥ 8GB 的条件下循环存储（工业级存储介质，非外接存储设备）；可在 –40℃～＋ 65℃的环境下长期连续正常工作。因此，该 cGPS 观测系统完全能够监测冰川各测点的运动特征及其日际 – 年际尺度（如温度、降水等导致的）变化规律。

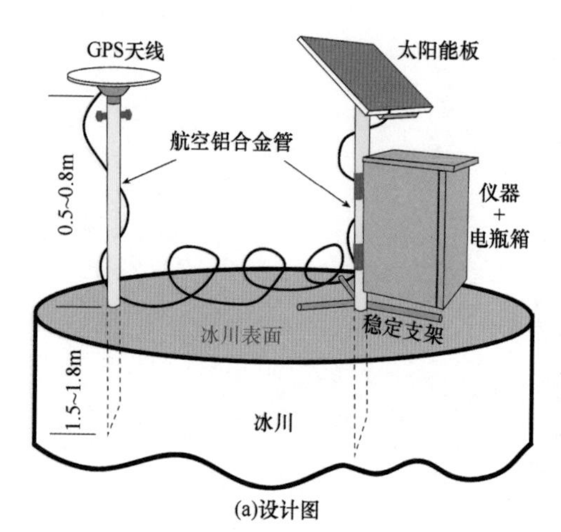

(a)设计图

(b)实际安装图

图 5.9　冰川表面 cGPS 系统

5.2.3　cGPS 基站建设方法

本次 cGPS 观测是首次在冰川表面布设短基线连续 GPS 基站。冰川是地球表面固体介质中运动速度最快的物质之一，并且受补给和消融等因素影响，冰川表面形态变化多端，在冰川上开展 cGPS 长期观测在国际上具有极大的挑战性，为此设计了适合冰川表面的 GPS 基站建设方案（图 5.9）。该方案的野外观测系统主要由两部分组成，即 GPS 天线系统单元和 GPS 接收机、供电系统单元。其中，对观测数据影响最大是 GPS 天线系统。

考虑到冰川运动的差异性，设计方案中 GPS 天线和 GPS 接收机系统均由单一构件组成。该构件的主体是一根直径 5 cm、内壁直径 3 cm 的高强度航空铝合金管，在野外操作时用蒸汽钻将它固定在冰川表面，固定深度不小于 150 cm。然后分别在其上按同一规格安装天线、仪器箱、太阳能供电系统等，其最终安装效果如图 5.9 所示。

在整个安装构成中，最重要的安装部件是天线。基于我们长期开展 GPS 观测的经验，特别设计了适合在冰川开展 GPS 测量的天线安装部件。在结构上，它由三部分组成分别是：①最上部的天线（美国 Trimble Zephyr Geodetic Ⅱ 型）；②连接天线的转接口 (mount)，它由高强度消磁的不锈钢加工而成，其一端为丝扣，拧在天线底部，另一端为高精度加工插口，连接固定在冰川上的支架；③固定于冰川的支架。为了使其尽量轻，其材质使用高强度航空铝合金材料加工。

基于上述 cGPS 基站建设构架，对现有 8 台冰面 cGPS 观测站的一些参数做了检测，发现单台 GPS 能够很好地追踪到卫星信号（图 5.10）：被追踪到的 GPS 卫星的数量多，星轨道空间覆盖好，大部分追踪的轨迹是连续的。这些表明所选的基站场地合理，避免了卫星信号因地形遮挡所造成的数据缺失，而且基站天线有良好的固定姿态，保证了观测数据的稳定性。该特征在不同测点所记录的每个追踪卫星的信号（LC 码）的时空误差分布中也得到了体现（图 5.11），表明在合理的高度角条件下（一般大于 10°），几乎所有被追踪卫星的接收信号均具有极小的误差（图 5.12）。所有这些都为后续观测得到高精度的测点速度及其时间序列提供了重要基础。在合理选择大地测量框架条件下，上述观测参数能够保证冰川运动速度的处理结果的误差在 3 ～ 5 mm/ 年。

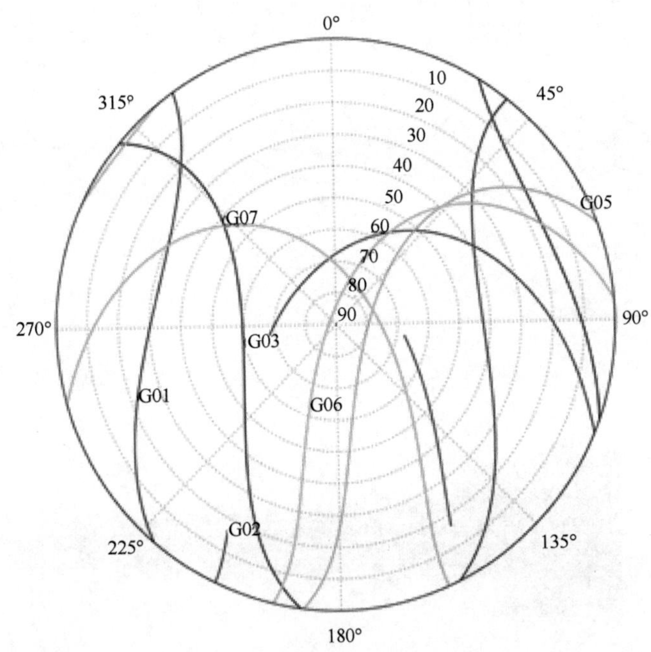

图 5.10　布设的 cGPS 单日接收不同轨道 GPS 卫星特征（以 AR01 基站为例）

在观测站 AR03（图 5.8），它在 2017 年 12 月 30 日 7 ～ 24 时（世界标准时，UTC），不同方向的位置就有发生明显变化。其中，在东西方向上，在观测时间段几乎不变，这与该冰川主要流动方向为南北向、测点几乎位于垂直径流方向中线的性状完全一致［图 5.13(a)］。然而，同样在 AR03 测点，在相同时间段内，其南北分量［图 5.13(b)］、垂直分量［图 5.13(c)］存在明显的随时间变化的特征。在变化方式方面，其南北和垂直分量的变化格局基本一致，但其变化幅度不同。这些特征是否体现了冰川在日际时间尺度的变化？如果是，它是由什么因素导致的？这些问题正是 cGPS 观测所要回答的。

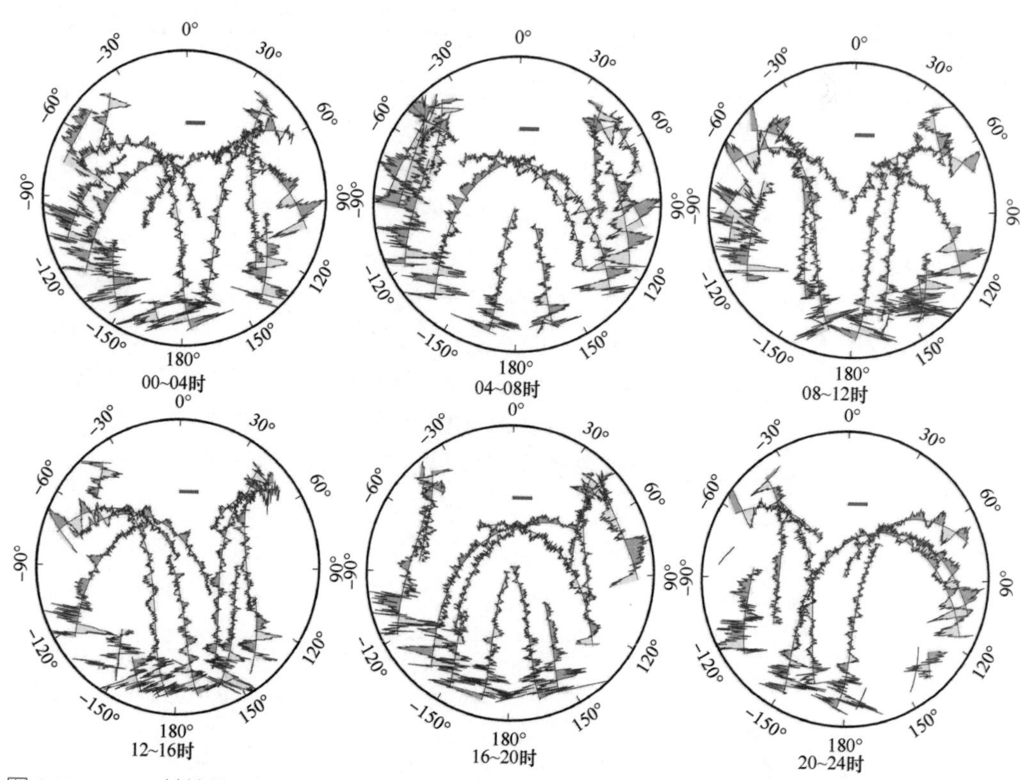

图 5.11　cGPS 基站单日接收不同卫星数据的误差特征（以 AR02 基站为例，采用世界标准时 UTC）

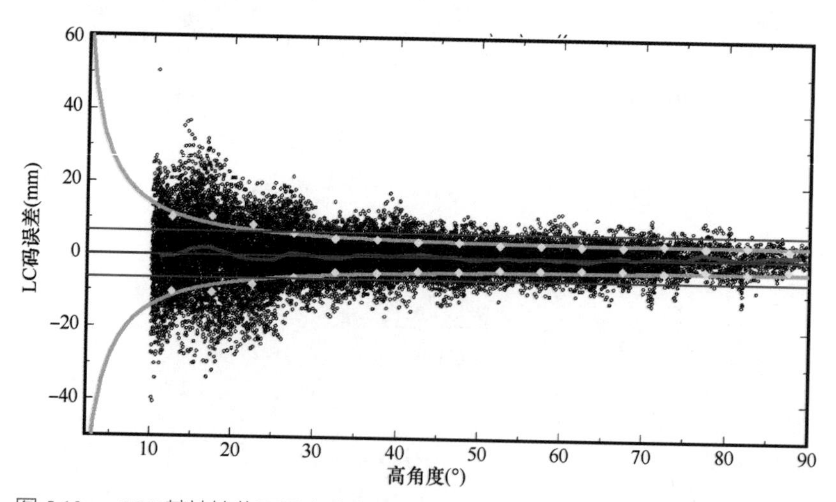

图 5.12　cGPS 基站接收不同高度角卫星时 LC 码误差分布特征（以 AR03 站为例）

综上所述，通过对现有布设在阿汝错南缘 5Z412B0014 号冰川上共 8 台连续 GPS（采样分辨率为 30s）的多参数综合检验认为，目前该观测系统的野外架设方案、天线固定技术等是可靠的，并且完全能够获得用于解析冰川运动、冰川运动的日际 – 年际变化、冰川瞬态变化（如冰崩事件）等重要参数，进而为研究冰川动力学、冰川潜在灾害等提供重要的基础数据。

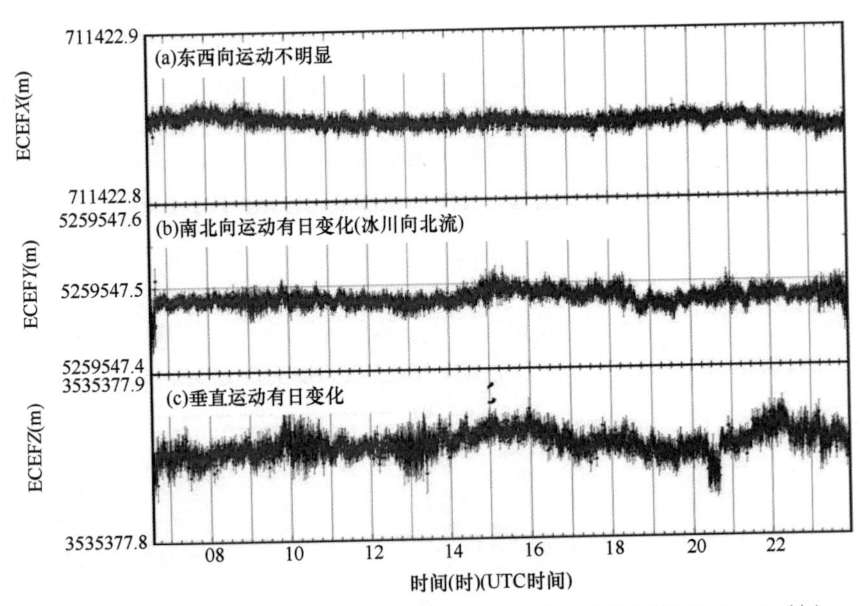

图 5.13　仅根据 1 天的观测数据初步分析所反映的冰川运动特征（AR03 站）

5.2.4　cGPS 观测初步结果

本观测使用的 Trimble NetR 系列接收机所记录的数据以 T02 格式保存。为此，首先使用 runpk00 工具，将 T02 文件转化为 DAT 文件，再由 Teqc 软件转化为 GAMIT 可以识别的 Rinex 文件。数据格式转换完成后，用 Teqc 对数据质量进行检查，以得到大致坐标、天线型号、采样率等参数，以及数据质量的检测文件。通过检测，本次处理的 Rinex 文件质量符合要求，进而用美国麻省理工学院（MIT）开发的 GAMIT/GLOBK 国际通用软件开展观测点速度、时间序列等解算。

GAMIT 处理：在处理的工程（2017 与 2018 目录）下，更新 GAMIT 表文件（如太阳星历表 soltab、月亮表 luntab、章动表 nutabl、跳秒表 leap.sec 等）。之后，生成 brdc、igs、rinex 等文件夹，分别用来存放广播星历、精密星历，以及区域站和 IGS 站的观测文件。本次处理中，联合了 8 个周边的 IGS 台站（bjfs、chum、jfng、kit3、lck3、lhaz、tash、urum）进行解算。在 rinex 文件夹下，对区域站和 IGS 站的测站信息进行提取，生成 station.info 文件并检查。编辑 lfile. 文件，用来存放区域站的近似坐标。修改 process.defaults 文件，更改数据采样率为 30s，选用最新的 ITRF14 框架来作为参考框架。在 sestbl. 文件中，设置高度截止角、解的类型、海潮校正模型、对流层误差模型等参数。在 sittbl. 文件中，可以分别对区域站和 IGS 台站设置先验约束，一般区域站为松弛约束 30 m，IGS 台站设置为 0.05m。之后在工程目录下，用批处理命令 sh_gamit 进行解算。解算完成后，检查单天解中的 summary 文件。一般要求测站的均方残差 RMS 值在 10 mm 以内，最好的站点为 3 ～ 5 mm，最差的站点为 7 ～ 9 mm。标准化均方差 nrms 值应该在 0.2 左右，如果大于 0.5 则表示有大的周跳未清除。本次处理的 RMS 值及

nrms 值都符合精度的要求。

GLOBK 处理：GLOBK 软件的主要功能模块包括 htoglb（将 H 文件转化为可以识别的二进制 h 文件）、glred（计算单天解重复性）、globk（估计测站坐标和速度）、glorg（加约束的联合解实现参考框架），具体可以分为以下步骤：首先将单天解的 h 文件复制到 hfile 目录下。之后设置 IGS 台站为坐标已知点，将 ITRF14.apr 文件复制到平差目录下。在 gsoln 下，编辑平差控制文件 globk.cmd 与 glorg.cmd。之后联合 IGS 台站，进行平差，可以得到站点的精确坐标。

在求解速度时，一般选择相对稳定的 IGS 站点作为参考，这样可以得到良好的时间序列。反复检验时间序列的误差，直到满意之后，编辑控制文件 globk_comb.cmd 和框架文件 glorg_comb.cmd，运行 globk 脚本，可以得到站点在某一框架下的速度。

通过上述处理，得到了各 cGPS 观测站的单天解（图 5.14)，由结果可以看出，在南北分量、东西分量中，观测误差均在约 5 mm 以内，这对冰川运动来说完全可以忽略不计。在垂直分量上，误差可达约 15 mm，这符合 GPS 大地测量的基本特点，表明单天解在垂直运动测量中还存在缺陷。

根据水平分量明显的线性变化特征，通过各单天解求得观测时段内各测点的平均速度。表 5.2 列出了 2018 年 12 月到 2018 年 7 ～ 8 月各测点的平均运动速度。在减去欧亚板块平均运动速度后，观测结果明确给出了冰川各测点相对于稳定欧亚大陆的速

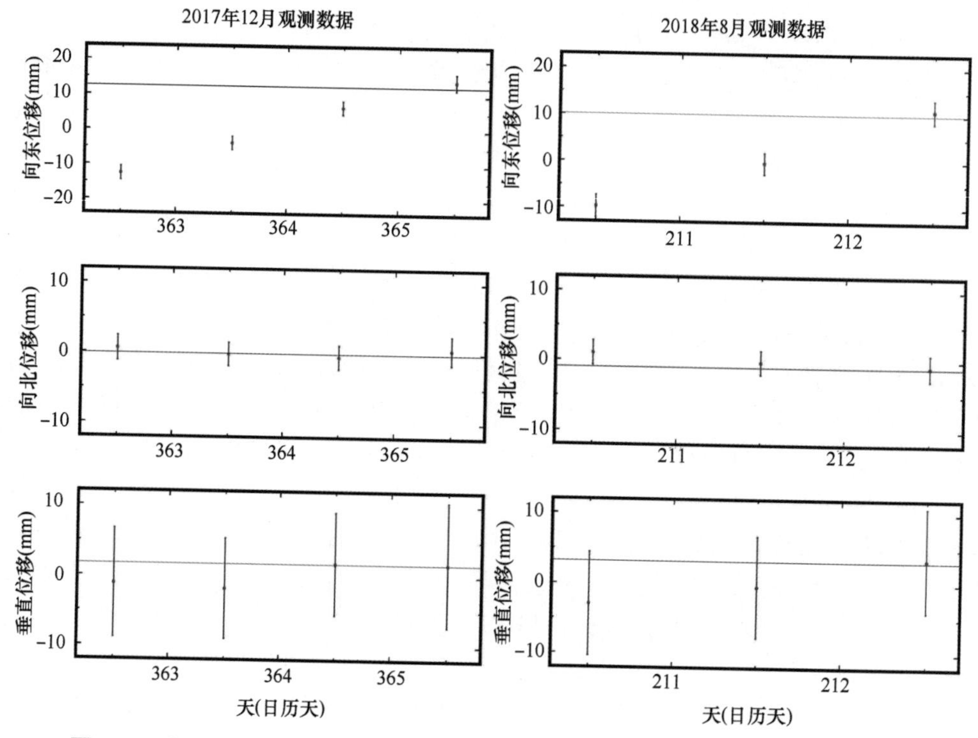

图 5.14 应用 GAMIT/GLOBK 解算的各 cGPS 测点单天解（以 AR01 测点为例图中误差条为 1 个标准偏差）

表 5.2　冰面 cGPS 台站记录的冰川运动速度（Ve 为向东移动的速率，Vn 为向比移动的速率，ITRF14 为国际地球参考框架 2014 年坐标系，EURA 为稳定欧亚大陆框架坐标系，d_e 和 d_n 分别为向东移动速率和向北移动速率的误差（1σ））

站点	经度 (°)	纬度 (°)	V_e(ITRF14) (mm/a)	V_n(ITRF14) (mm/a)	V_e(EURA) (mm/a)	V_n(EURA) (mm/a)	d_e	d_n
AR01	82.29940	33.84442	149.78	3711.1	124.21	3715.25	3.42	3.03
AR02	82.29438	33.84428	–300.83	5661.96	–326.37	5666.05	3.63	3.10
AR03	82.29680	33.84587	68.38	5500.25	42.81	5504.35	3.69	3.17
AR05	82.29490	33.84250	–234.12	6449.48	–259.67	6453.65	3.82	3.38
AR06	82.29816	33.84759	360.60	4789.04	335.03	4793.15	6.47	6.63
AR08	82.29968	33.84260	178.67	3806.64	153.10	3810.75	3.39	2.95
AR09	82.29316	33.83819	4120.02	6936.23	4094.43	6940.35	3.78	3.23
AR10	82.29738	33.84373	–382.20	5920.54	–407.77	5924.65	4.36	3.72

度分布（包括向东 V_e 与向北 V_n 分量）。通过对比各测点速度分与 1 倍标准差的误差值，本次观测的数据完全符合观测误差的控制范围。

为了更直观地表达冰川运动速度分布，图 5.15(a) 展示了 5Z412B0014 冰川区地形分布（彩色底图）、冰川分布范围（白色阴影区）和 cGPS 测点的速度矢量。其基本运动特征是：①在观测期内，冰川的运动速度为 3.7 ～ 8.0 m/ 年，速度最大值出现在 AR09 测点，它位于 5754 m，也是现有测点中海拔最高的 cGPS 点（图 5.8）；②在运动方向上，位于 5754 m 最高的 AR09 主要以北东向运动，但其他位于更靠近冰川末端的

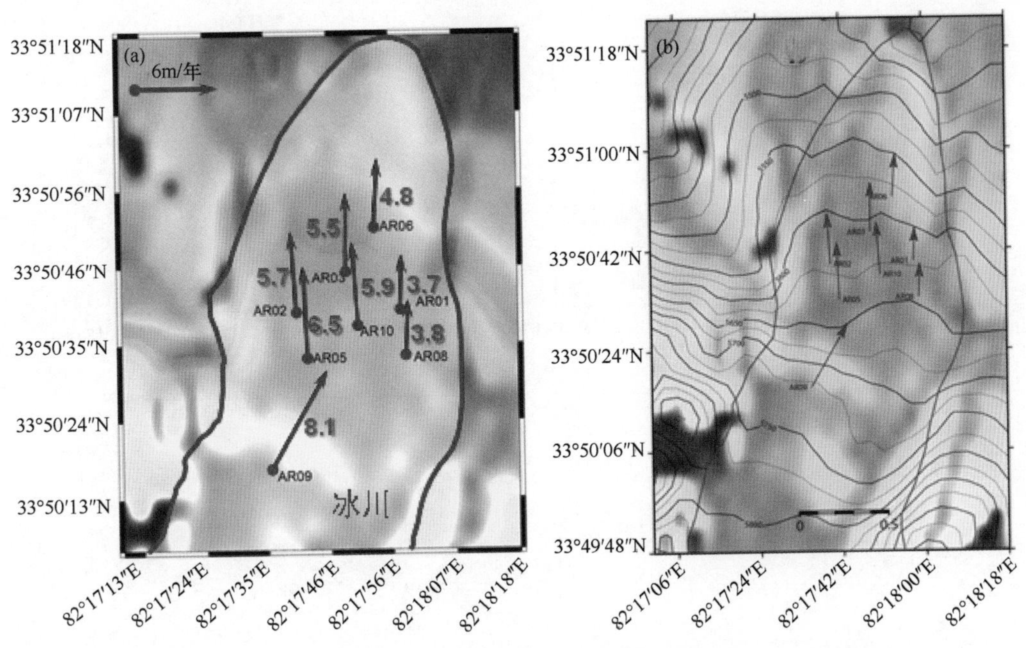

图 5.15　根据 2018 年 1 ～ 7 月记录的数据解算出的阿汝冰川运动速度

(a) 冰川表面 GPS 运动速度（相对于稳定欧亚大陆框架坐标系），图中的红色数字为速度值；

(b) 冰川表面运动方位变化与地形的关系

测点均以北向运动。这揭示了在不同高程，该冰川的运动速度和方向都有明显改变。值得注意的是，速度和运动方向陡变的范围正好与该冰川表面台阶状地形起伏（5650～5750 m）相吻合［图 5.15(b)］，其是否有动力学的联系有待于进一步分析。

为了深入揭示速度在时间序列上的分布特征（图 5.16），我们对所有观测数据开展了时间序列解算。在数据处理过程中，特意去除了 GPS 天线刚安装时段（受稳定性影响）的数据（图 5.13），并在解算策略上作了细化。图 5.16 是 AR03 测点选取其在冬季（2017 年 12 月 31～2018 年 1 月 4 日）和夏季（2018 年 7 月 29 日～8 月 1 日）不同时间段的精确处理结果。在该图中，仪器的采样分辨率是 30s，足够记录冰川运动的一切细节。分析发现：①在小时时间尺度上，冰川在观测点的运动均以脉动方式为主，脉动的振幅达数厘米，几乎不存在稳态运动；②在脉动运动的频率分布特征上，在冬季每天的下半夜（北京时间），不论在南北方向上还是东西方向上均相对平静，但在每天的上半夜到上午时段脉动频率和幅度增强；③在夏季，其在时间序列上的脉动强度增加，最大可以达到近 10 cm，而且已经看不到脉动的相对平静期，表明冰川在温度高时运动更为活跃；④尽管在夏季脉动的活跃程度增强，但冰川运动速度的日平均值几乎没有变化，如 AR03 测点，冬季南北向速度约为 1.6 cm/ 天、东西向速度约为 0.0 cm/ 天，但在夏季这一规律基本不变。这些基本特征在其他 cGPS 测点同样存在，因此具有一定的普遍意义。其成因机理将在后续研究中结合温度、降水等观测以及模型模拟予以探讨。

综上所述，通过对现有布设在阿汝错南缘 5Z412B0014 号冰川上共 8 台连续

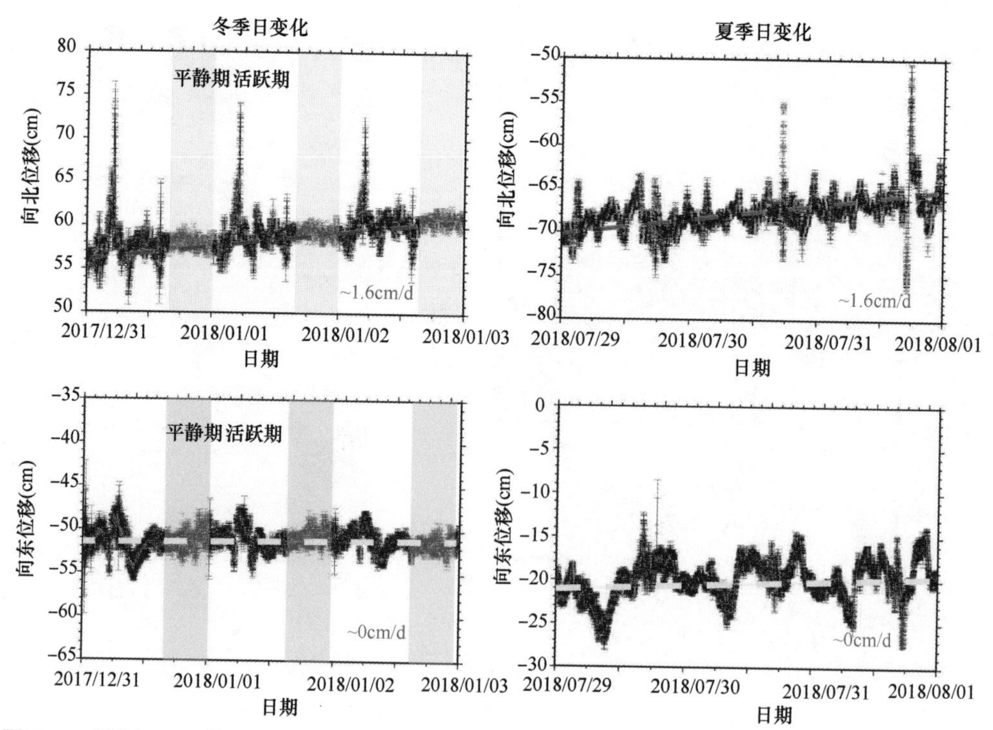

图 5.16　根据 cGPS 仪 30s 采样频率解算的日变化运动特征（以 AR03 为例，横坐标为北京时间）

GPS（采样分辨率为 30s）的多参数综合检验认为，目前该观测系统的野外架设方案、天线固定技术等是可靠的，该 cGPS 观测系统完全能够获得用于解析冰川运动及其日际－年际变化、冰川瞬态变化（如冰崩事件）等重要参数，进而为探索冰川动力学、冰川潜在灾害等提供重要的基础数据。

5.3　阿汝冰川冰震考察

5.3.1　冰震监测目标与计划

本次冰川冰震观测工作同样是首次在青藏高原开展。对冰震观测来说，本次科考将常规地震学方法应用于冰震研究，计划先期在南北两条冰川周边和表面架设 20 套短周期地震仪，监测冰震产生的地表震动信号，通过至少连续观测一年以上的波形数据，获得如下目标：

(1) 查明冰震发生的时间、位置和强度（震级）。

(2) 查明冰震发生的机制，张性破裂还是剪切破裂。

(3) 查明冰震发生的季节性变化及其与降水、气温的关系。

(4) 获得冰震周围的微震活动信息，分析其与冰震的关系。

(5) 分析远震事件是否对冰震具有触发效应。

5.3.2　地震仪架设位置

考虑到北部和南部冰川的不同特点，分别在这两条冰川各架设了 10 台地震仪器，详见表 5.3 中观测点的位置坐标，以及图 5.17（北部冰川）和图 5.18（南部冰川，与冰面 cGPS 架设点部分相同）仪器位置图。其中，南部冰川在冰面和地面各架设 5 套。

表 5.3　地震台站安装位置表格

编号	纬度 (°N)	经度 (°E)	高程 (m)
AR001	34.16068	82.22704	5160
AR002	34.15897	82.22782	5186
AR003	34.15702	82.22678	5176
AR004	34.15454	82.22694	5183
AR005	34.16171	82.20800	5396
AR006	34.16091	82.21132	5388
AR007	34.16017	82.22164	5241
AR008	34.16082	82.21754	5270
AR009	33.84643	82.30299	5446
AR010	33.84834	82.30291	5494
AR011	33.85153	82.30237	5478

续表

编号	纬度 (°N)	经度 (°E)	高程 (m)
AR012	33.85455	82.30110	5439
AR013	33.84234	82.30228	5631
AR014	33.84423	82.29938	5611
AR015	34.15351	82.22205	5205
AR016	34.15377	82.22429	5213
AR017	33.8442	82.29445	5620
AR018	33.84365	82.29739	5657
AR019	33.84754	82.29803	5600
AR020	33.83823	82.29246	5652

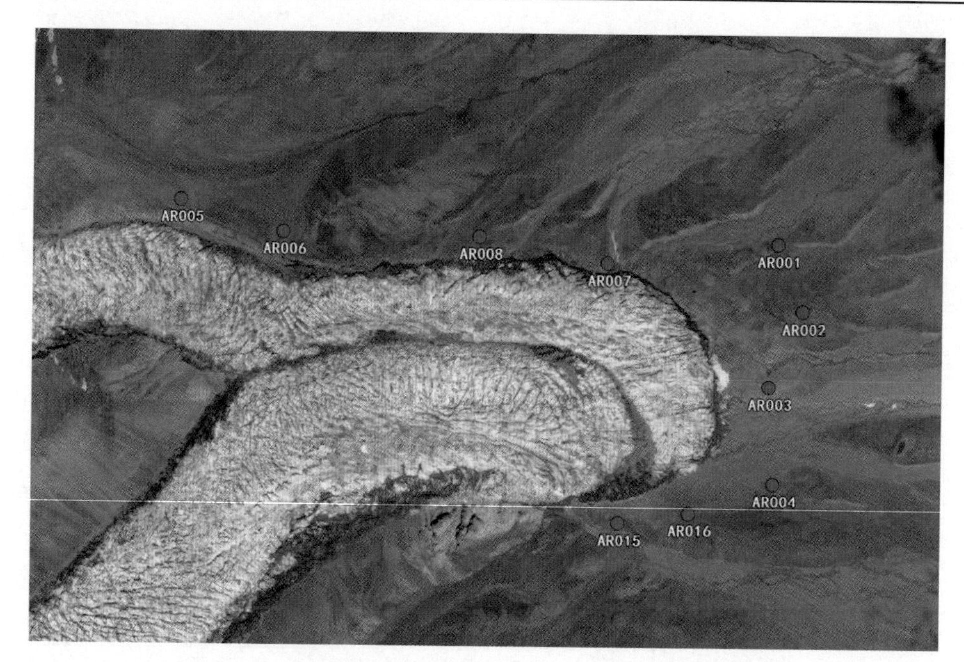

图 5.17　阿汝北部冰川（5Z412D0004）地震台站安装位置图

5.3.3　地震仪器安装过程

在具体野外工作中，考察队员在选定的冰川表面开展地震台站的安装和调试，一部分地震仪架设在冰面上，一部分架设在冰川周边的基岩上。在冰川周边的基岩上安装地震仪器时，采用常规安装规范。这里主要介绍在冰面上地震仪器的安装方法。在仪器安装前，对全部仪器进行了检测，确认仪器各部件正常工作或处于正常状态。由蓄电池和太阳能作为供电系统，太阳能板安装在太阳能支架上，支架插入冰内约 2 m，蓄电池放在塑料箱里埋于冰面之下，这三部分用电缆连接（图 5.19）。与 cGPS 观测方案相同，计划的观测时间至少超过 1 年，以便揭示季节性的变化特征。

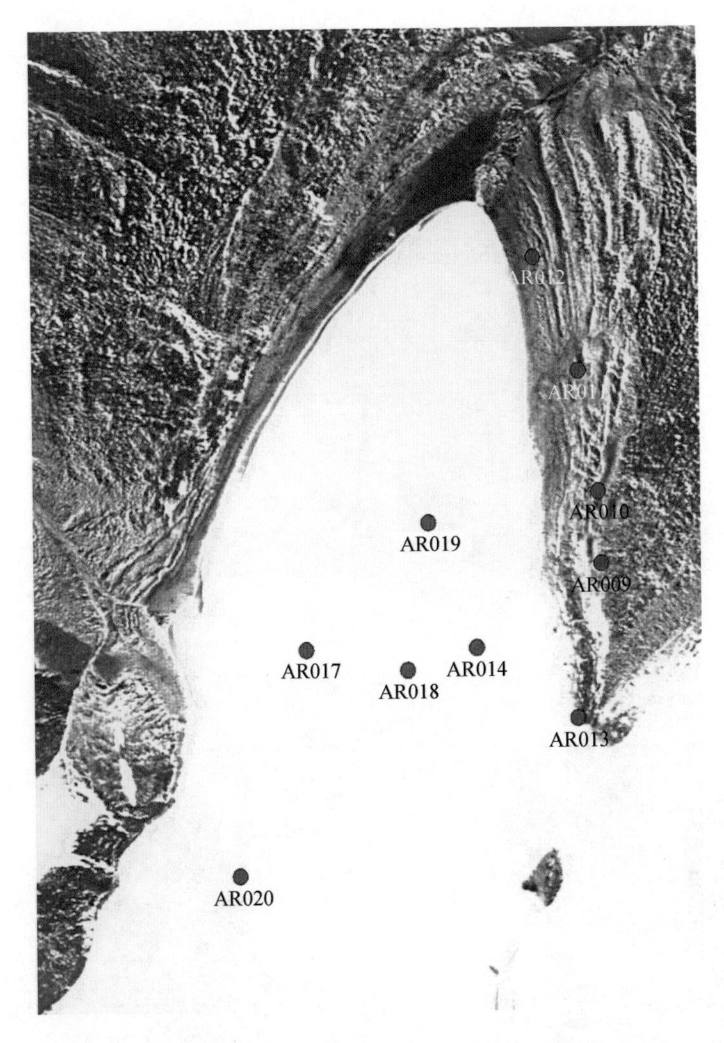

图 5.18　阿汝南部冰川（5Z412B0014）地震台站安装位置图

冰面仪器安装的具体步骤如下：

(1) 用电锯和镐头在冰面开凿一个深 0.5 m、面积 1 m^2 的冰坑，在此坑中间再开凿一个深 0.4 m、面积 0.3 m^2 的小坑，小坑底部用水泥抹平，铺上瓷砖［图 5.20(a)］。

(2) 用蒸汽钻打一个深 0.5 m、直径 50 mm 的孔，将 1 m 长的钢管插入孔中，在钢管的顶部安装太阳能板，将 2 根 2.5 m 长的钢管用铰链固定在冰面，防止太阳能板在夏季冰融时倾倒。

(3) 用线缆连接太阳能、蓄电池、仪器等，打开仪器，搜索 GPS 信号。

(4) 将接好线缆和加热片的地震仪用海绵包裹并套两个防水塑料袋，水平安放在瓷砖上，并调整方位指北［图 5.20(b)］。

(5) 根据仪器指示灯确认地震仪器工作状态正常，并用电脑进一步确认仪器工作状态正常，记录下各种状态参数。

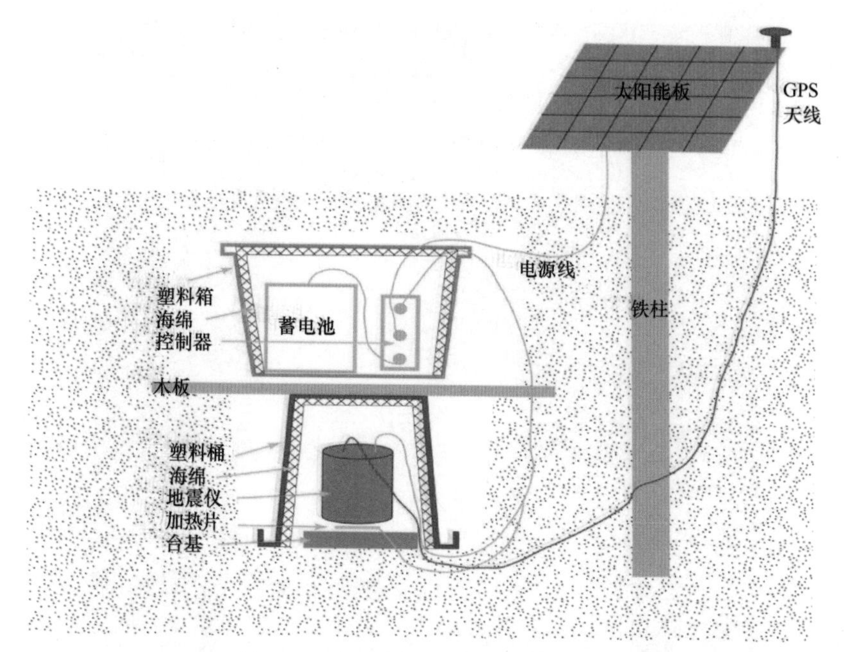

图 5.19 冰面地震仪台站安装示意图

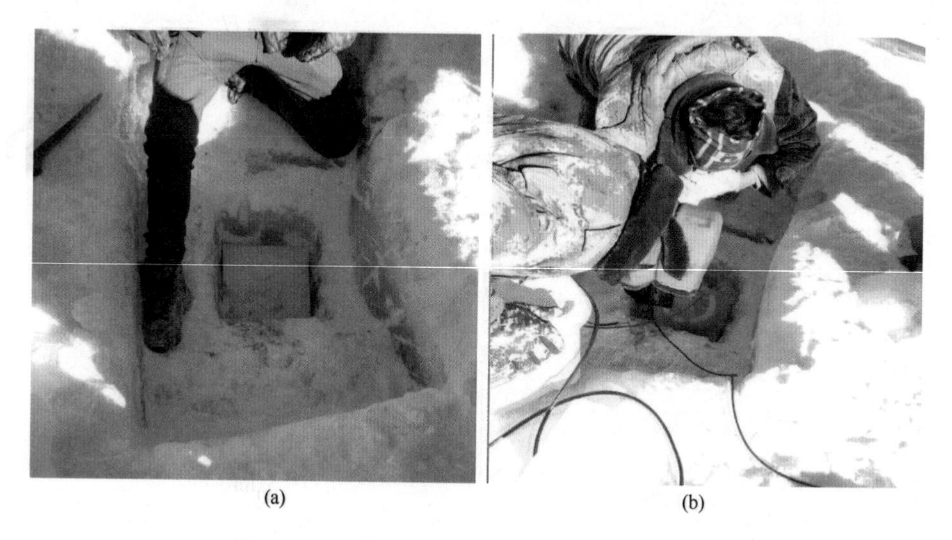

(a) (b)

图 5.20 开挖好两个坑之后，用水泥找平并铺上瓷砖

(6) 将塑料桶倒扣在地震仪器上，盖上木板，木板放在大坑的底部，刚好在塑料桶的顶部；木板上放置塑料箱，塑料箱内放置蓄电池、太阳能控制器、仪器充电盒、线缆等（图 5.21）。

(7) 用塑料布包裹塑料箱，用胶带封缠，防止雨雪水进入（图 5.22）。

(8) 将整个塑料箱封埋，地面仅出露太阳能板和 GPS 天线（图 5.23）。

这些地震仪架设完成后，将定期进行维护和数据下载。

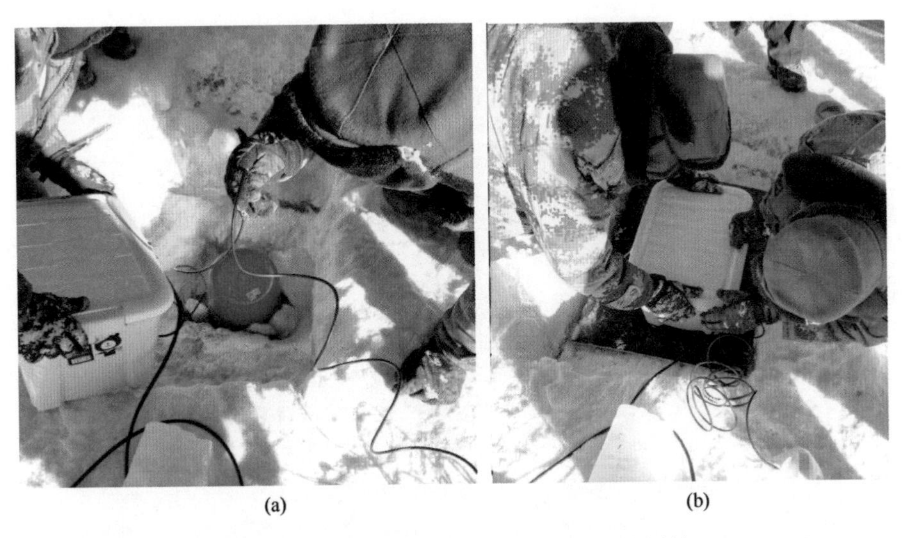

(a)　(b)

图 5.21　放置塑料桶，铺上木板，放置塑料箱

图 5.22　包裹塑料箱，然后进行填埋

5.3.4　地震（冰震）记录的初步分析

2018 年 7 月，开展了阿汝冰川的第六次野外考察。此次考察下载了前一年冬季架设的地震仪所记录的数据，并对这些数据进行了初步的分析。虽然架设在冰面 1 m 深的仪器因夏季消融而出露甚至部分进水，但数据完好率仍达 87%。

一般认为，冰川冰崩前应该出现冰震频次增加、发生范围增大的过程。因此，冰

图 5.23 地震仪在冰面安装完成后的照片（前面的太阳能板下为地震仪，后面的为 cGPS）

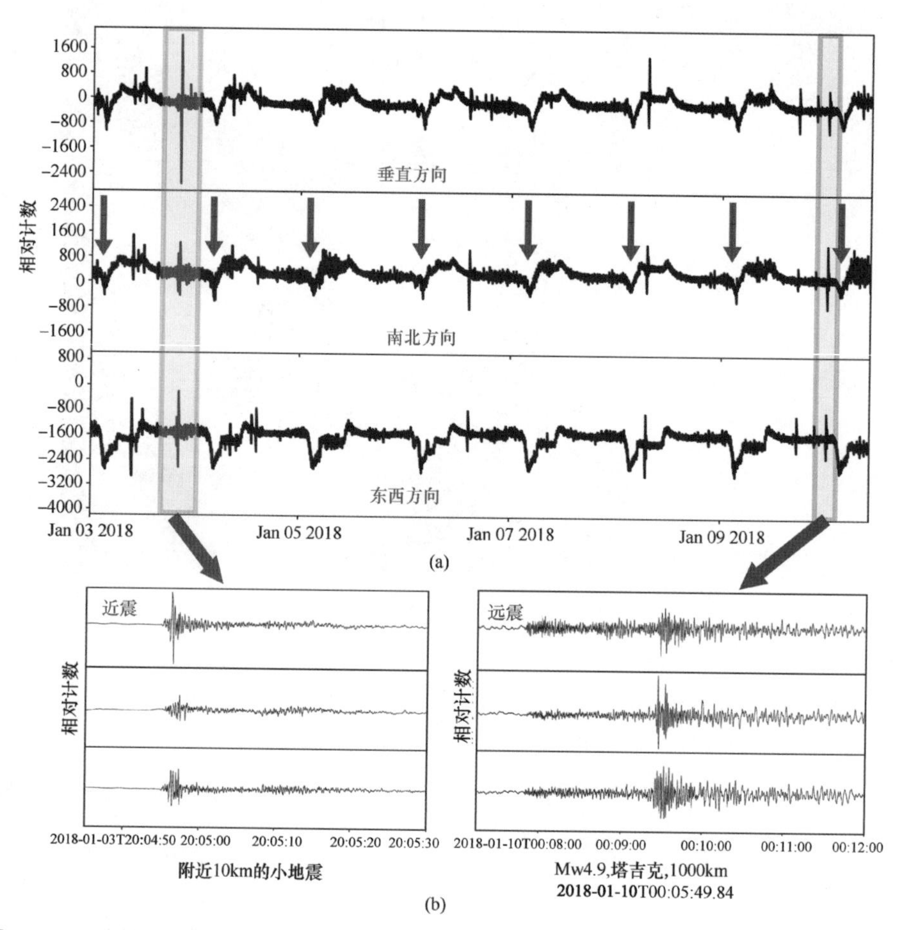

图 5.24 阿汝地震台站（AR01）的波形记录（a）及近震和远震波形（b）横坐标为时间（UTC）

震观测的首要任务是查明是否存在冰震，存在哪种形式的冰震，以及这些冰震发生在什么部位。图 5.24 显示了阿汝北部冰川（中国冰川编目 5Z412D0004）编号为 AR01 的短周期地震仪记录的地震波信号，时间为 10 天。可以看出，不论是在垂直方向，还是在水平方向（包括南北向和东西向），波形记录显示存在大量的震动信号，并表现出显著的日变化特征。这种日变化很可能与冰川本身的日变化（主要是随气温的日变化而变化）有关。同时，根据 P 波和 S 波的传播特征，可以在这些波形中分辨出近震和远震的信号。例如，图中的近震发生时间为 2018-01-03T20：04：53（世界标准时 UTC，下同），为距离 10 km 的小地震；而远震发生时间为 2018-01-10T00：05：49.84，经查证，应为发生在塔吉克斯坦的地震，距离约 1000 km，震级（矩震级）为 4.9 级。

地震仪是否记录到了冰震的活动呢？这是我们最为关心的问题。对其中的一段振动波形进行了放大，发现其具有不同于普通地震的波形特征，表现为高频波动，但其振幅略低于天然的近源地震和远源地震。这一波形与公开发表的典型冰震波形（Aster and Winberry，2017）具有相似性（图 5.25），有可能是记录到冰川内部的冰震活动。

对这些波形进行深入分析后发现，在 2018-07-26T08：06：55 左右，阿汝北部冰

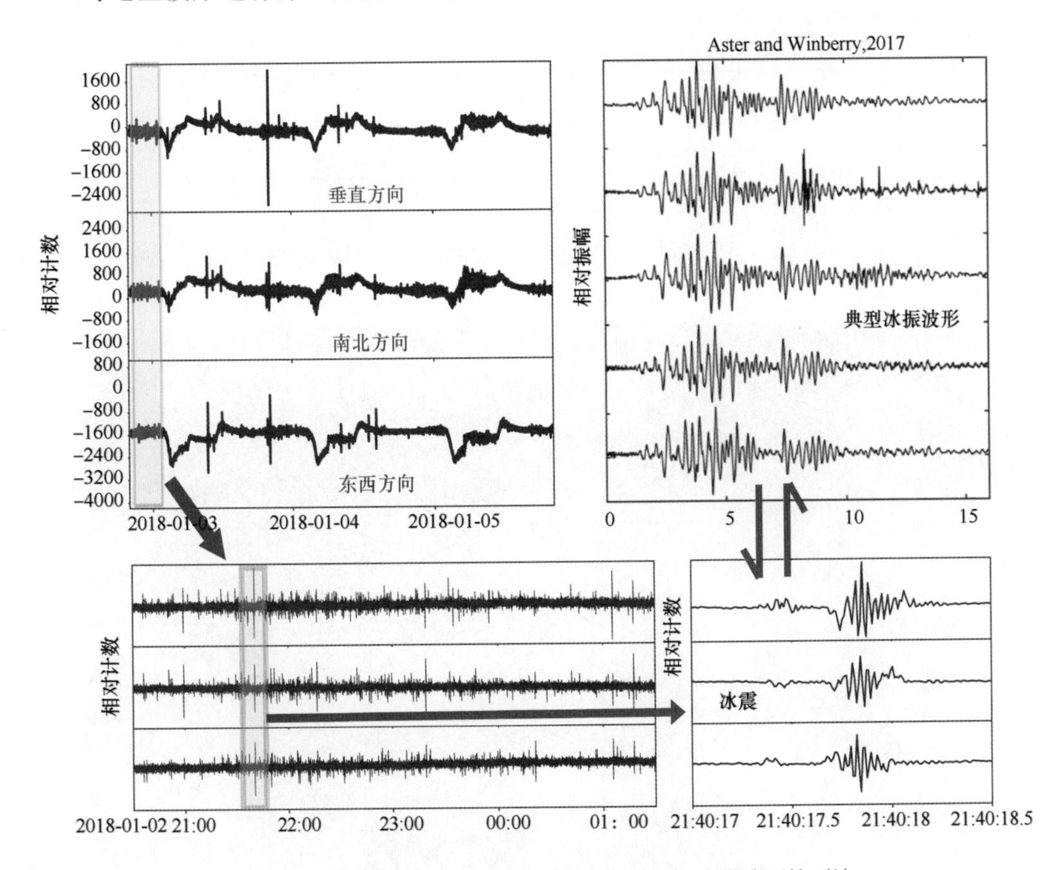

图 5.25　阿汝地震台站（AR01）的波形记录与冰震波形的对比

横坐标为时间（UTC）

川（中国冰川编目：5Z412D0004）周边的 10 台地震仪都接收到了一次特殊的波形记录（图 5.26）。这些地震仪接收此次震动的时间存在先后顺序，振动幅度（绝对值）也有高低差别。根据这些记录进行了冰震震源的定位，发现震源位于冰川前缘，在 AR003 号地震仪架设点的西 170 m、南 30 m 处（图 5.27）。根据震源位置，确认这不是冰川边缘的崩塌（图 5.5），并且当时也没有发生地震，我们确信这是一次冰震事件。这是首次

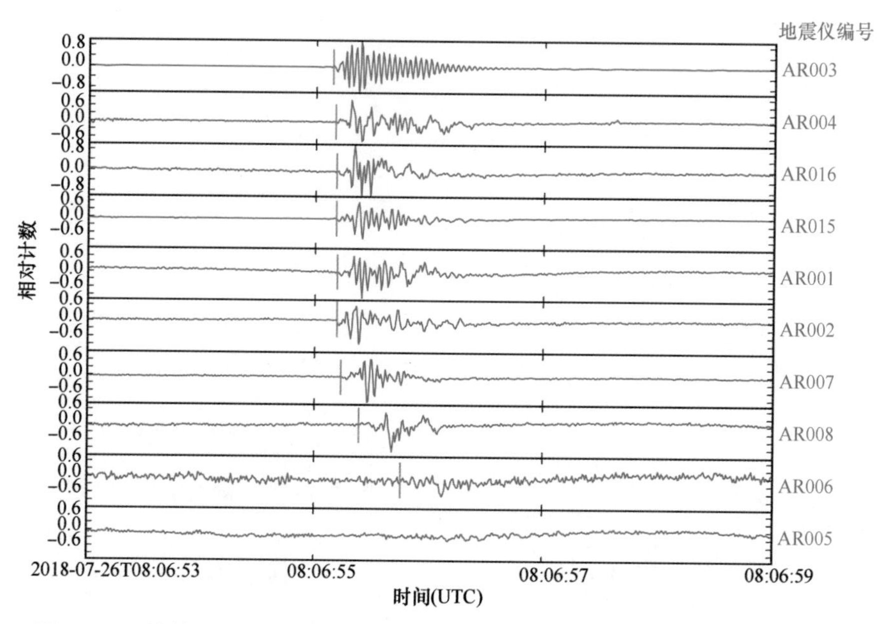

图 5.26　阿汝地震台阵记录的冰震波，从上至下为接收到该震动信号的先后顺序

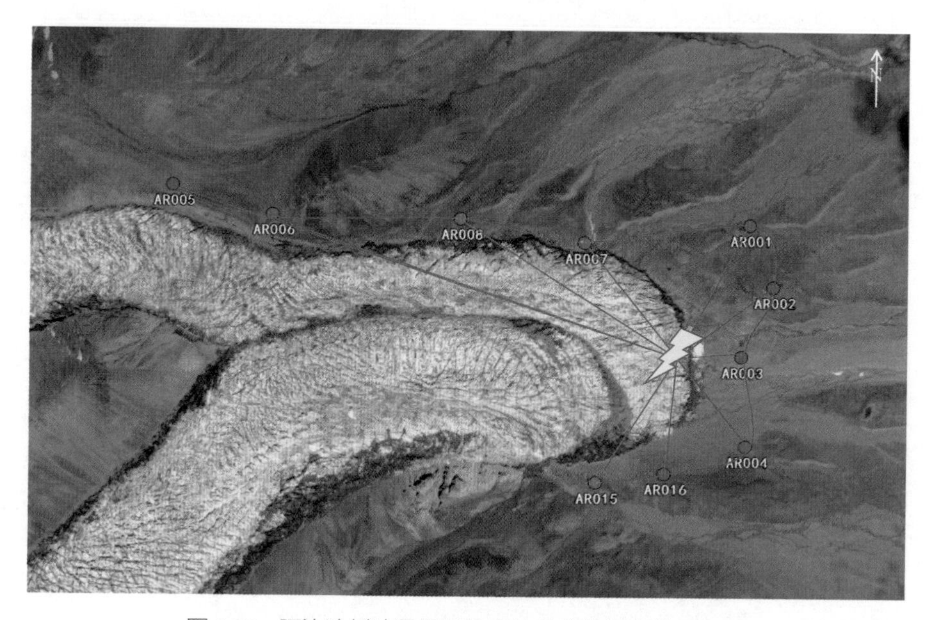

图 5.27　阿汝冰川冰震震源的定位（黄色闪电符号）

在青藏高原进行冰震观测并发现冰震。此次冰震震源深度的定位结果超过 200 m，虽然震源深度定位误差较大，如此大的深度表明这可能是冰体前缘与基底相对滑动产生的冰震，并且由于冰川前缘受到冰碛物的阻挡，冰川前缘可以清晰地观察到逆冲构造的痕迹，推测这次冰震是冰体逆冲作用造成的。

进一步查看全部波形资料，根据波形相似性，发现数量众多的类似上述冰震事件的震动信号，而且这些震动信号夏季多、冬季少。由于地震仪数据整理和解译才刚刚开始，这里只展示了初步的分析结果。后续工作将对这些数据进行深入的分析，目标就是要精确测定冰川运动的速率和方向，确定冰震或地震最容易发生在什么区域，蠕滑（或无震滑动，或慢地震）是否能够观测到，确定冰震发生的时间、位置、强度（震级）和周期，揭示冰川运动和冰震如何响应温度、降水、地貌等因素，获得冰川内部破裂（冰震）的机制。

第6章

阿汝冰崩的原因分析

阿汝冰崩考察的科学目标是揭示冰崩发生的原因和机制。基于上述大量的野外观测、遥感影像分析和模型模拟，获得了两次阿汝冰崩的一些基本特征。在此基础上，从气候、岩性、地形、地震等方面深入分析了导致冰崩发生的各种可能原因。随着考察研究的深入开展，阿汝冰崩发生的过程和机制将更加明晰。

6.1 阿汝冰崩的整体特征

根据目前的考察和研究，初步总结了阿汝冰崩的四个特点，具体如下。

6.1.1 孕灾时间长

通过分析高分辨率遥感数据，对阿汝 53 号和 50 号冰川进行了回溯分析，发现早在 2011 年，这两条冰川的表面就出现明显的异常形变，即高海拔积累区冰面高程下降而冰川末端冰层明显增厚，冰川动力学特征出现明显差异。同时，冰川后部的横向裂隙也快速发育。这也表明，冰崩的发生具有前兆，可以根据这些前兆来进行冰崩的预测预警（详见第 8 章）。

6.1.2 发生速度快

牧民索朗加措村长是第一次阿汝冰崩的幸存者之一，现场目击了 53 号冰川的冰崩过程。根据他的回忆，冰崩发生时，冰崩体通过的区域被雾气笼罩，上部是白色雾气，下部是黑色雾气，整个冰崩扇区的物质在 4min 内全部排出，最后冲入下游的阿汝错。此时能感觉到很强的气浪，在阿汝错对岸的牧民也能感觉到气浪，且帐篷被掀翻。53 号冰川末端至阿汝错的距离为 5.7 km，据此估算，冰崩水平运动速度大约为 90 km/h。这说明这一灾害具有突发性，这对冰崩科学预警系统的建立提出了更高的要求。而且，冰崩所经过的山体的背面，草地植被没有被破坏，冰面快速运移的冰体在某种程度上是以越过其上方的方式前进的。两次阿汝冰崩的高速度还表明了崩塌和流动过程中，冰体由于摩擦加热而产生了液化过程。

6.1.3 规模大

野外考察和卫星影像确定的冰崩的规模：53 号冰川冰崩扇长 5.7 km，宽 2.4 km，平均厚度约 7.5 m，面积 9.4 km^2，估算体积超过 70×10^6 m^3；50 号冰川冰崩扇长 4.7 km，宽 1.9 km，平均厚度约 15 m，估算体积超过 100×10^6 m^3（详见第 4 章）。

6.1.4 破坏力强

53 号冰川的冰崩扇直接冲入阿汝错，造成浪高 20 m 的巨大“湖啸”［图 6.1(a)］，湖对岸形成了长达 10 km 的湖岸线，留下清晰的冲刷痕迹［图 6.1(b)］，最远到达离湖岸 240 m 的地方，引起湖泊水位上涨达 9 m。冰崩造成了人员生命损失，还有大量牲畜的经济损失，并破坏了大片优质草场。当地牧民被迫搬迁，特别是时常担心冰崩会再次发生。

(a)

(b)

图 6.1　阿汝 53 号冰川冰崩将阿汝错湖水推到岸上

(a) 范围示意图；(b) 湖啸痕迹

6.2　阿汝冰崩的原因分析

阿汝冰崩发生后，科考队联合国内外相关研究团队，迅速采取行动，通过卫星遥感与野外实地调查，积极开展阿汝冰崩事件发生的特征、过程与原因研究。其中，一个值得特别关注的重点是为什么两条邻近的冰川在相近的时间以类似的方式发生冰崩。如果这是气候变暖导致的，那么阿汝冰崩不会是最后一次冰崩事件，很可能是一种新型冰川灾害的开始，我们现在看到的只是“冰山一角”。考虑到青藏高原广泛分布的冰川，足以引起全球科学界的关注。

初步分析了冰崩与当地的气象条件、长期气候变化、地质和地形因素等的关系，推测造成这两次冰崩的可能原因包括气候变化因素、基岩地质因素、地震因素、地热因素、冻土因素、湖泊因素、冰川融水等；通过查阅相关数据资料，特别是根据现场考察结果，对各种可能原因逐一进行了分析。

6.2.1 气候变化与天气因素

同一区域出现两条独立的冰川相继发生冰崩不是巧合，说明存在某种共同的机制。目前的初步共识是，气候变化和天气很可能是导致阿汝冰崩主要的外部原因。气象数据显示，1960 年以来青藏高原的增温速率是全球平均的两倍（陈德亮等，2015）。1961 年来，狮泉河气象站的记录具有持续的增温趋势，记载的气温升高了约 1.7℃，增温率为 0.4℃ /10 年，远高于全球平均升温幅度（图 6.2）。气温升高还可能导致冰体温度升高。以前与底部基岩冻结到一起的冰川，可能由于温度上升而发生软化甚至分离。

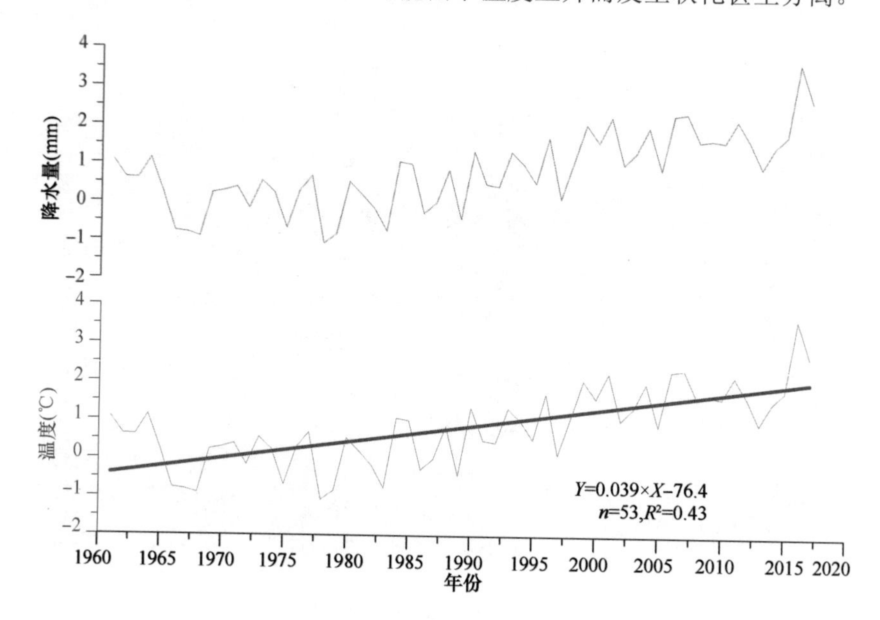

图 6.2 阿里地区狮泉河镇气象站过去的气象记录

粗线为温度变化趋势

同期青藏高原北部的降水整体上也出现增多的趋势（陈德亮等，2015）。虽然狮泉河气象站的降水数据没有显示出明显的趋势，但是阿里站的气象记录表明，2016 年的降水量是 2010 年以来最高的，超过多年平均值 88%，特别是 2016 年春夏季降水量异常增加（图 6.3），约 90% 的降水集中在冰崩前的 40 天（Tian et al.，2016）。降水的增加导致冰川冰体积累增强，从而进一步增大了冰川崩塌发生的可能性。卫星遥感数据显示，从 2011 年开始，阿汝 53 号和 50 号冰川都出现了冰斗后壁上部冰体向下部快速

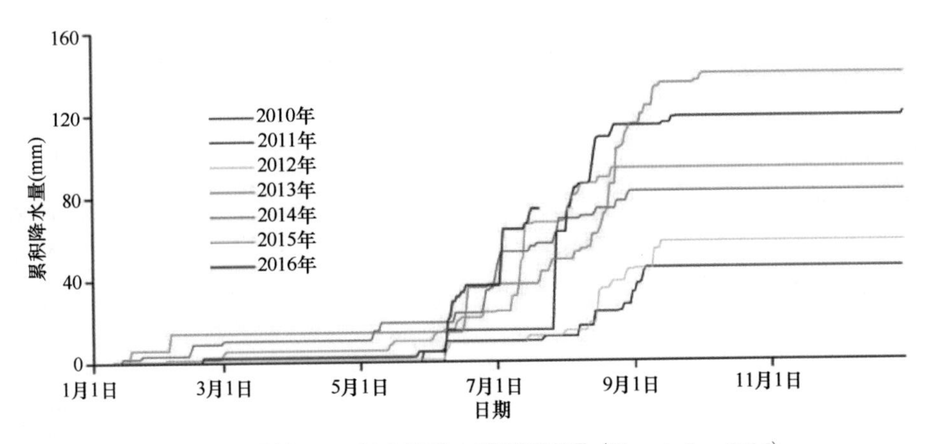

图 6.3　阿里站 2010 年来的降水累积量记录（Tian et al.，2016）

迁移的现象，表明在冰崩发生的前几年，两条冰川已出现了相应的前兆，这是一定时期内气候变化（变暖变湿）导致的。但第二次冰崩发生在 2016 年 9 月 21 日，而不是温度最高、融化最强烈的 8 月，说明还有其他因素在起作用。

6.2.2　基岩岩性因素

现场考察发现，研究区山体岩性主要为砂岩、泥质灰岩及大理质灰岩。阿里地区的冰川可能主要发育在砂岩和泥质灰岩地带上（中国科学院青藏高原综合科学考察队，1982）。根据野外考察，阿汝冰川具有软性基岩，冰崩与冰川底部主要由细颗粒的砂岩和粉砂岩组成有关，也与富含黏土的冰碛物有关。53 号冰川的冰崩扇消融后，发现有大量细颗粒的砂岩、粉砂岩以及富含黏土的碎屑。由上述岩石组成的冰碛物，与大量注入的液态水一起，可能由于高孔隙流体压力而在局地形成剪应力低的基岩泥浆，还有可能破坏冰下排水系统。这些可能导致易于诱发冰体不稳定性的流变。但是，对 50 号冰川冰崩来说，野外考察发现，该冰崩扇中颗粒物碎屑较少。因此，50 号冰川冰崩显然有不同于阿汝 53 号冰崩的机制，从而证实气候对两次冰崩起着重要作用。

6.2.3　地貌因素

如果冰川发育在山脊比较浑圆、山体坡度较小的地形上，冰川本身的坡度也较小，一旦发生物质和能量的积累，就容易迅速调整自己的几何形状得以释放，发生冰崩的可能性就小。只有发育在陡峭地形上的冰川才易于发生崩塌。考察发现，发生冰崩的阿汝冰川具有特殊的地貌条件：①较大的坡度。冰崩发生前，阿汝 53 号冰川的冰面坡度为 12.9°，50 号冰川为 12.3°，而基岩坡度为 9° ～ 10°。相对陡峭的地形有利于冰川的崩塌。②两条冰川的上部开阔而末端收缩，并且被冰碛垄阻挡，具有很小的开口。这一条件有利于冰川物质在下部或末端积累，一旦超过临界点，就会发生冰崩。

6.2.4 地震因素

阿汝冰崩发生后，最先考虑到的诱发因素是地震。前面（第1章）提到的Huascaran冰崩事件就是地震诱发的。但是，根据地震资料发现，在冰崩阶段，阿汝及其周边地区只发生了3次小规模的地震，包括8月31日(M4.6)、9月12日(M3.2)和9月27日(M3.0)，而且其发生时间与冰崩时间不一致，因而排除了地震诱发冰崩的可能性。

6.2.5 地热

地热是否对于该区域的冰崩有影响，特别是地热异常是否会改变冰川底部的温度状况，目前还缺乏直接的证据。考察时发现，在冰崩区附近存在多处温泉，其增加了冰崩风险的可能性。通过遥感资料获取的该地区的地表温度在冰崩发生前后也没有显示异常，因此目前还没有证据表明地热（如温泉）对53号和50号冰川冰崩的直接影响，但不能排除其作用。这需要做进一步细致的研究工作。

6.2.6 冻土因素

夏季冰川融水将可溶盐成分带到岩床，造成冰川底部冻土融化，进而造成冰川崩塌。现场考察未发现该地区有冻土存在，因此排除了这种可能。

6.2.7 湖泊因素

局地强风可以将邻近湖泊的大量盐分吹到冰川表面，随后聚集在冰床，最终可能导致冰川融化和崩塌。经查阅青藏高原湖泊资料和现场考察，确定阿汝错为淡水湖，盐度为0.562 g/L（与纳木错相当），因此排除了这种可能（中国科学院青藏高原综合科学考察队，1984)。

6.2.8 降水或冰川融水浸入

第一次发生冰崩后，有观点认为是冰川融水下渗导致了冰川的滑动与崩塌。如果有液态水通过冰裂隙到达冰川基底，通过相关的热力学和动力学的变化增加了冰川底部的滑动力、张力和破裂性能，进而有利于更多水的流入，并改变了冰下排水系统。

综合多卫星反演生成的全球降水产品(Global Precipitation Measurement Mission，GPM IMERG)的空间分辨率可达到0.1°，时间分辨率达到30min。尽管目前研究地区GPM数据的可靠性尚不清楚，但与阿里地区气象站的降水资料对比，发现不同产品之间的降水时间较为一致，因此用这一产品来讨论降水对冰崩的可能影响。IMERG 数据显示，2016 年阿汝地区夏季降水显著增加至 200 mm，而且在 53 号冰川发生冰崩的前 2 天（即 2016 年 7 月 15 ～ 16 日），总降水量达到 10 ～ 25 mm，其中液态降水概率超过 90%（图 6.4）。因此，这些显著的降水增加很可能是导致 53 号冰川冰崩发生的一个重要因素。由此可见，至少对于阿汝 53 号冰川而言，冰川消融和降水导致大量的液态水进入冰川，增加了冰川内部甚至基底中的含水量，从而成为可能导致冰崩的诱因之一（Kääb et al.，2018）。冰川融水和降水可能是诱发两条冰川发生冰崩的重要因素。根据初步的模拟结果发现，水在冰崩过程中发挥了重要的作用（见 6.3 节）。但对于 50 号冰川冰崩，在其发生前一个月内几乎没有降水，因此由降水直接触发该次冰崩的可能性很小。降水是阿汝冰崩的一个重要的诱发因素，但不是唯一的因素。

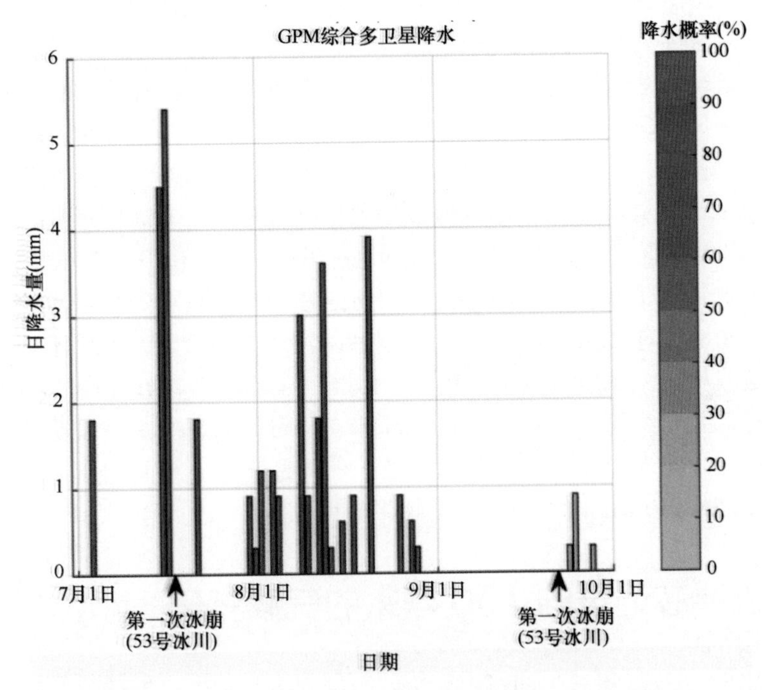

图 6.4 卫星降水产品（GPM IMERG）获得的 2019 年夏季和秋季阿汝地区日降水量（Kääb et al.，2018）
不同的颜色表明液态降水的不同概率

6.2.9 冰崩原因的综合讨论

热力学－动力学模型模拟表明，冰－岩界面在阿汝冰川的中部很可能是温性的（融化的），而在冰川的其他部分则是冷性的（冻结的），表明阿汝冰川具有多温型结构。模拟得出的多温型结构可以由以下两种特征加以证实：①冰川前缘的前进现象出现较晚（如 53 号冰川），甚至从未出现（如 50 号冰川）；②冰崩后仍有大型冰体固结在冰川边缘。多温型冰川结构会造成以下情形：冰舌的边缘和前缘一直冻结到基岩；下渗融水从崩塌区域顶端进入冰川基岩；水在底部楔形结构的上坡区域汇集，进而导致中部突起部位内部摩擦力的减小；冰川的上部逐渐变陡。与典型的冰川跃动不同，阿汝冰川的末端和边缘处的底部冻结在基岩上，进而阻止冰川迅速调整其几何形状来适应应力和摩擦力的变化，因此冰川末端和边缘处的应力不断增加，直至超过一个临界点，最终发生冰崩。

没有迹象表明两次阿汝冰崩仅仅是由单一因素引发的。跃动式的行为、气候驱动下冰川表面陡峭化、多温型的冰川结构、冰川的几何形态和坡度、2016 年夏季强降水和冰川融水产生的液态水，都是冰崩的潜在诱因。极有可能是上述因子在不同时空尺度上短暂的共同作用导致了阿汝冰崩。这些因素中，多温型冰川结构、冰川地貌和基岩岩性是其中重要的基础因素，而气候变暖和降水增加（或融入浸入）是外部驱动因素。在 15 ～ 20 年的时间尺度上，气温和降水量的同时增加共同作用于冰川的几何形态和基底摩擦力，增大了冰川坡度，增强了冰川基底的液态水注入量。触发因素可能还与冰下排水系统的短期变化相关：2016 年夏季冰川消融和降水导致大量的液态水注入。液态水通过冰裂隙到达冰川基底，通过热力和动力学变化增加冰川底部的滑动力、张力和破裂性，进而有利于更多水的流入，改变冰下排水系统，从而形成一系列反馈机制（Kääb et al.，2018）。

2016 年的阿汝冰崩事件与 2002 年的高加索 Kolka-Karmadon 冰崩存在一些相似之处，如冰崩的规模、冰川和冰崩体的坡度、冰崩体的运动速度等。在冰崩发生前几天，Kolka-Karmadon 冰川同样出现不稳定迹象，包括冰裂隙增大和冰面增厚，以及异常的水文现象（如出现冰面湖）。Kolka-Karmadon 地区因火山活动留下的细粒岩石和沉积物，使科学家们意识到岩性可能在 Kolka-Karmadon 三次冰崩事件中起到了重要的作用。现阶段还不能量化地热对 Kolka-Karmadon 冰崩和阿汝冰崩的贡献，但仍不能排除其潜在的作用。但是，与阿汝冰崩截然不同的是，Kolka-Karmadon 冰川整体都是温性的，而阿汝冰川具有多温型结构。Kolka-Karmadon 冰崩和阿汝冰崩的案例表明，有两种因素可能导致冰川的几何形态和应力达到临界点：一种是周边地区的物质运移增加冰川表面压力（如 Kolka-Karmadon），另一种是冰川变得更陡峭（如阿汝冰川）。

6.3 阿汝冰芯记录的 100 年来的气候变化

6.2 节讨论了阿汝冰崩发生的可能原因，包括器测的近期气温变化。高分辨率冰芯对揭示青藏高原地区过去气候环境信息具有重要的科学意义。这里以阿汝冰芯恢复的过去 100 年来的记录（1917 ～ 2017 AD），进一步探讨冰崩发生的长期气候背景[①]。

6.3.1 冰芯钻取与分析

在 2017 年 9 月的第三次阿汝冰崩野外考察中，科考分队在阿汝冰川（中国冰川编目：5Z412B0013）的积累区（33°59′N，82°15′E，海拔 6150 m）钻取了一根长达 55.29 m 的透底冰芯（见本书第 3 章 3.3 节）。冰芯钻取点位于发生第二次冰崩冰川（阿汝 50

① 本节部分内容已发表（杨丹丹等，2021）。

号）的另一侧。钻取的冰芯用洁净的聚乙烯袋封装，以冷冻状态运回中国科学院青藏高原研究所拉萨部实验室。科考人员首先在冰雪样品超净室（–20 ℃冷库）内对冰芯冰的属性、污化层特征等物理特征进行描述记录，并拍照留存。为保证描述工作的可靠性，对其重复描述校正一次。冰芯描述记录将作为冰芯定年、积累量恢复等后续工作的重要参考资料。然后，对冰芯样品进行处理。先将冰芯按 2 cm 间隔进行了切割分样并用手术刀刮去表层，共得到 2663 个样品，用于分析稳定同位素、粉尘、离子等多种指标。冰芯外层削下部分样品以约 0.4 m 间隔装入洁净的自封袋中，用于 Beta 活化度和 ^{137}Cs 的测试，共取得 132 个样品。

冰芯稳定氧同位素样品在青藏高原研究所环境变化与地表过程重点实验室测定。待测样品在室温（约 20 ℃）条件下完全自然融化、过滤后，注入 1.5 mL 测样瓶中待测。使用仪器为美国 Picarro 公司的 L2140-i 波长扫描 - 光腔衰荡光谱仪，其测样精度分别为 $\delta^{18}O \leqslant 0.05‰$，$\delta D \leqslant 0.04‰$，$\delta^{17}O \leqslant 0.1‰$。测样结束后按照 10% 主动重测原则，即随机抽取约 300 个样品重新测试，每个样品前后两次测样的误差保持在 0.005 以内。本文所涉及的稳定氧同位素数据主要是 0 ～ 17.87 m 共 850 个样品，平均每个样品深度范围是 2.08 cm。

Beta 活化度样品在中国科学院西北生态环境资源研究院冰冻圈科学国家重点实验室分析测试，使用仪器为 Mini 20 Alpha-Beta Multidetector。样品在室温条件下完全融化，然后用阳离子 / 阴离子吸附膜过滤 3 ～ 5 遍，以保证不溶颗粒和大多数离子可以完全吸附于滤膜上。滤膜在室温下自然晾干，然后放置在仪器上测量。测量结果为探测器每分钟所探测到的 Beta 粒子数（counter per-minute，cpm），结合仪器的 Beta 活化度典型本底计数率以及工作效率进行校正。Beta 活化度测试后的滤膜样品，在中国科学院青藏高原研究所环境变化与地表过程重点实验室完成 ^{137}Cs 测试。

6.3.2 冰芯定年

冰芯时间序列的建立有多种方法，一般进行综合交叉定年，借助参考层位对定年结果进行验证。以 $\delta^{18}O$ 季节变化特征作为年层划分的指标，1963 年核试验产生的放射性物质反映的 Beta 活化度 /^{137}Cs 峰值作为参考层位（田立德等，2006），建立冰芯年代序列。已有研究表明，在青藏高原北部受中纬度西风环流影响地区，降水 $\delta^{18}O$ 与气温变化不仅在多年尺度上呈正相关关系，而且与季节气温变化也呈良好的线性关系（Yao et al.，1995）。在阿汝冰芯邻近的古里雅冰芯中，也发现 $\delta^{18}O$ 值夏季较高，冬季较低（姚檀栋，2000）。因此阿汝冰芯 $\delta^{18}O$ 记录的周期性变化可以反映季节变化，年层的划分以 $\delta^{18}O$ 的低值为界（图 6.5）。

冰芯上部 17.87 m 样品的 Beta 活化度和 ^{137}Cs 测试结果显示，^{137}Cs 在 0 ～ 17.87 m 内出现了一次显著的峰值，位于 10.14 ～ 10.55 m 处，与 Beta 活化度峰值对应，这一峰值应当是 1963 年全球核爆活动产生的放射性同位素峰值。图 6.6 是该 Beta 活化度 / ^{137}Cs 峰值内的 $\delta^{18}O$ 的记录，通过其季节变化特征确定的 1963 年位于 10.49 m。根据

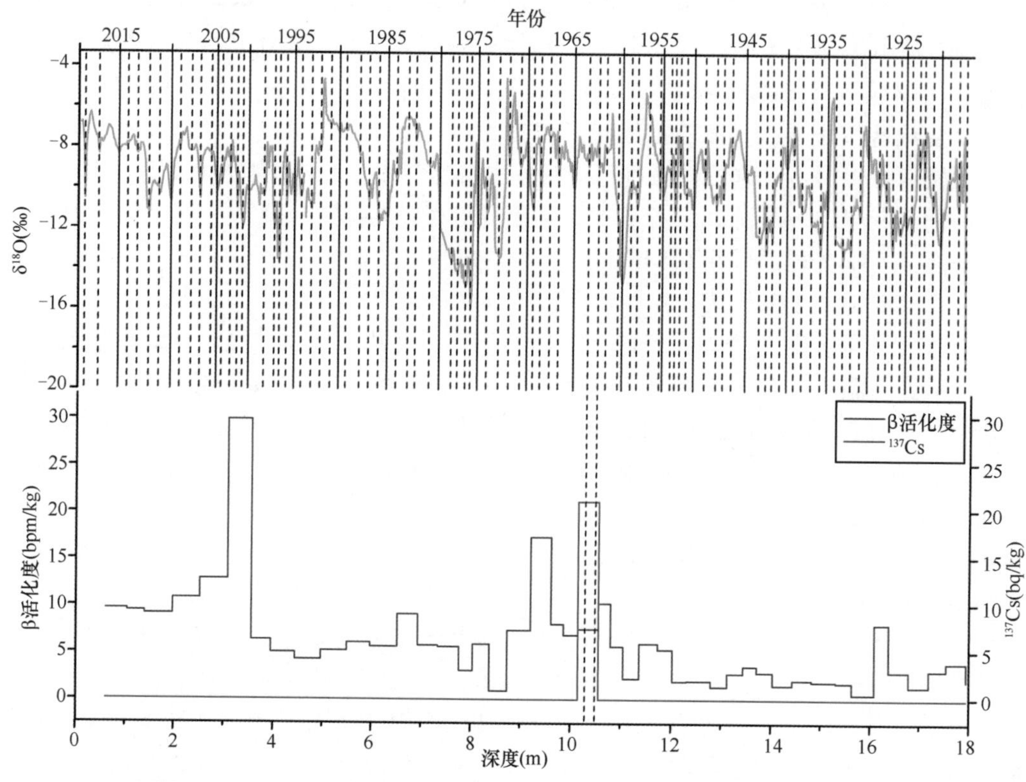

图 6.5 阿汝冰芯氧同位素、Beta 活化度、^{137}Cs 的测量结果及定年结果

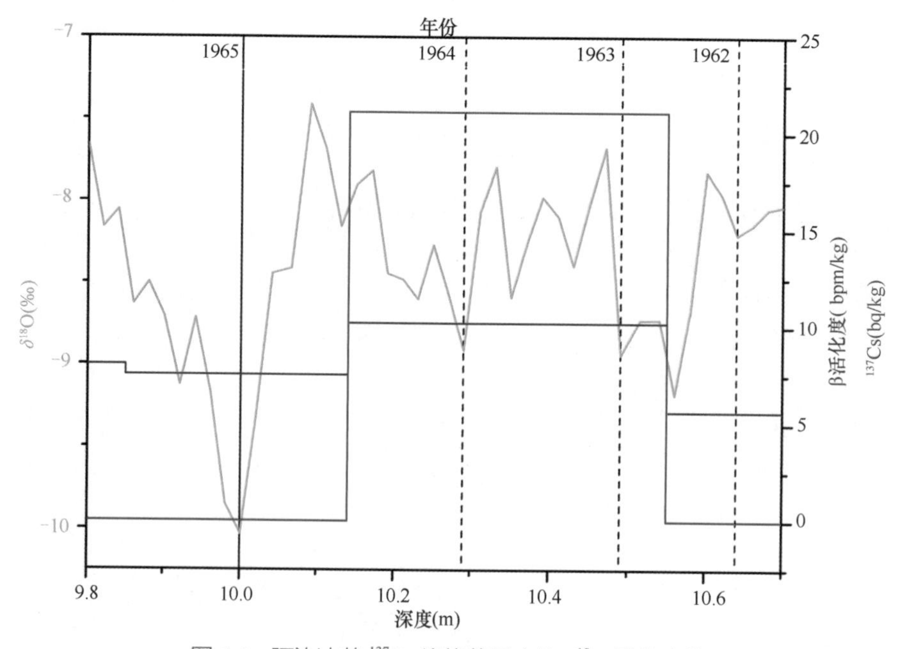

图 6.6 阿汝冰芯 ^{137}Cs 峰值范围内的 $\delta^{18}O$ 季节变化

$\delta^{18}O$ 季节变化和 1963 年参考层位的位置，重建了阿汝冰芯上部 17.87 m（对应 1917 ～ 2016 年）的时间序列。

为验证冰芯 $\delta^{18}O$ 季节变化特征重建的年代序列可靠性，本文选用冰川流动模型计算冰芯上部 17.87 m 的年代序列。Nye 提出了一个流动模型 (Nye, 1963)，该模型假定冰层变薄速率一致，且不考虑冰川底部融化。这一模型对冰川上部的年龄模拟较为准确 (Reeh，1988)，其数学表达式为

$$\frac{\lambda}{\lambda_0}=\frac{z}{H_0} \tag{6.1}$$

式中：λ 为距冰床高度 z 处的年层厚度；λ_0 为位于冰川表面时的原始年层厚度；H_0 为冰川厚度。基于 Nye 模型的假设条件，冰床以上 z 处冰层的年龄 (t) 由下式确定：

$$t=\int_H^z w^{-1}\mathrm{d}z \tag{6.2}$$

式中：H 为冰川冰当量厚度。在稳定状态下，冰川表面向下的速度 (w) 与年净积累量 (c) 相同；而且该动力模型假定冰川底部冻结在基岩上，即当 z=0 时，w=0，因此有：

$$w=-cz/H \tag{6.3}$$

将式 (6.3) 代入式 (6.2)，即可得到冰芯定年关系式：

$$t=-\frac{H}{c}\ln\left(\frac{Z}{H}\right) \tag{6.4}$$

基于 Nye 模型模拟阿汝冰芯上部 17.87 m 的年代序列时，考虑到冰芯最上部年层厚度受冰川流变的影响程度很小，因此利用冰芯记录的 21 世纪以来年平均净积累量（约 0.21 m 的冰当量厚度）代表其年净积累量 (c)。

图 6.7 是基于冰芯 $\delta^{18}O$ 记录的季节变化和 Nye 模型分别建立的阿汝冰芯上部

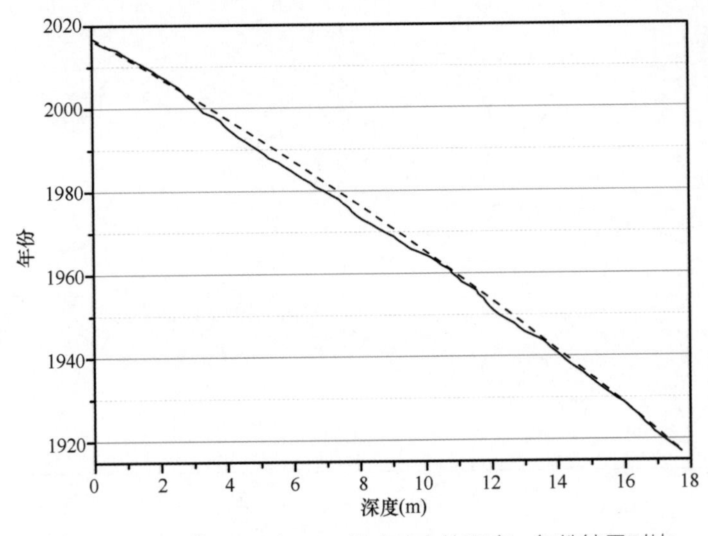

图 6.7　冰芯 $\delta^{18}O$ 记录与 Nye 模式建立的深度 – 年份结果对比

17.87 m 对应的深度 – 年份关系对比，其中，$\delta^{18}O$ 记录重建的 17.87 m 对应的年份是 1917 ～ 2016 年，Nye 模式重建的年份约是 1916 年 3 月～ 2016 年 8 月，两种方法重建的 17.87 m 处对应年份差距仅为 1 年，表明冰芯 $\delta^{18}O$ 季节变化特征重建的上部 17.87 m 时间序列是可靠的。

6.3.3 阿汝冰芯氧同位素记录的气温变化

1. 阿汝冰芯与气象站记录对比

在有器测气象记录以来的 1973 ～ 2016 年，阿汝冰芯 $\delta^{18}O$ 年变化记录与改则、狮泉河气象站年平均气温记录的相关性分别是 0.36 和 0.29；与夏季平均气温记录的相关性分别是 0.51 和 0.30（置信水平 95%）。通过 3a 滑动平均分析发现，冰芯 $\delta^{18}O$ 年变化记录与气象站记录皆呈波动上升趋势，冰芯 $\delta^{18}O$ 年变化记录与改则气象站夏季平均气温记录相关性达到 0.54，与狮泉河气象站夏季平均气温记录相关性达到 0.37（图 6.8）。由此可见，阿汝冰芯 $\delta^{18}O$ 年记录不仅对局地气温变化具有较好的代表性，而且能够更好的反映夏季平均气温变化情况。

进一步采用 M-K 趋势检验（魏凤英，2007），计算有气象记录以来的 1973 ～ 2016 年，冰芯 $\delta^{18}O$ 年变化与改则、狮泉河气象站夏季平均气温记录的统计量。冰芯 $\delta^{18}O$ 年

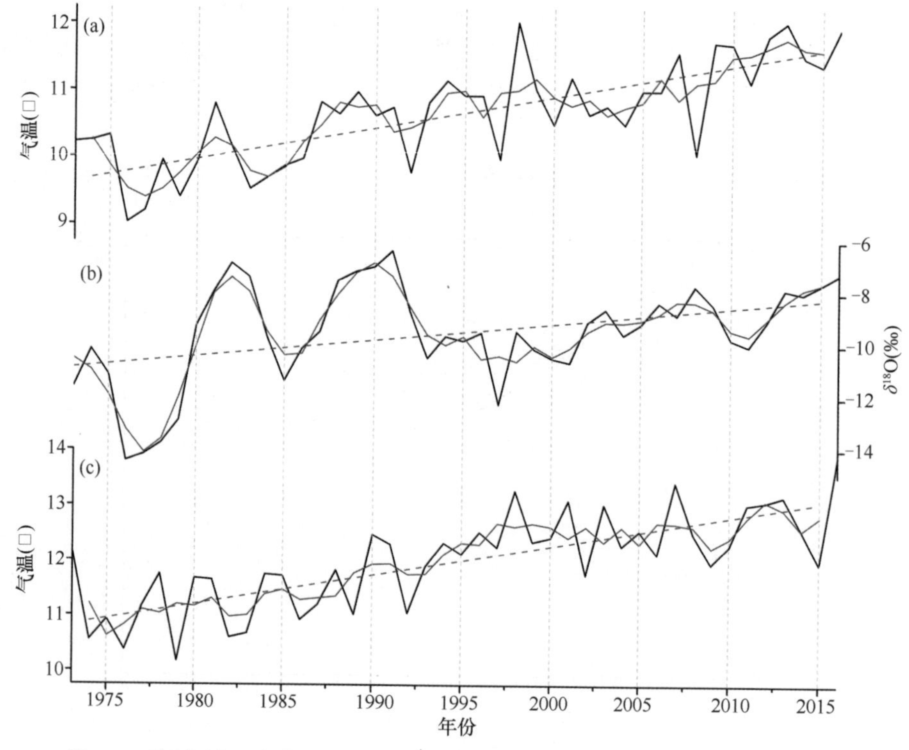

图 6.8 改则 (a)、狮泉河 (c) 气象站夏季均温与阿汝冰芯 $\delta^{18}O$ 记录 (b) 变化

变化记录的统计量 Z 为 2.88，改则、狮泉河气象站夏季平均气温记录的统计量 Z 分别为 5.47 和 5.42。根据 M-K 趋势分析，在 α 显著性水平上，时间序列具有显著的增加趋势或者减少趋势，若统计量 $Z > 0$，则表示呈上升趋势；若 $Z < 0$，则表示呈下降趋势。冰芯 $\delta^{18}O$ 年变化与改则、狮泉河气象站记录的气温在过去 44 年呈上升趋势，且由于 Z 值的绝对值大于显著水平 0.01 的正态分布临界值 2.56，说明 1973 年以来阿汝冰芯记录的气温呈显著上升趋势。

改则气象站记录的 1973 ～ 1976 年 UF 曲线大于 0[图 6.9(a)]，表明气温呈上升趋势；1976 ～ 1986 年 UF 曲线小于 0，表明气温呈下降趋势；1986 年开始 UF 曲线大于 0，且在 1994 年超过显著性检验水平 0.01 临界线 (μ=2.56)，说明 1986 年开始呈升温趋势，1994 年后升温趋势显著，相对变暖的气候现象明显。进一步观察，发现 UF 和 UB 曲线在显著性水平 α=0.01 时的临界线之间存在一个交点，具体时间在 1994 年，说明改则气象站记录的气温增暖是一突变现象，具体是从 1994 年开始的，突变年份前后夏季平均气温距平分别是 –0.49℃和 0.53℃，气温上升 1.02℃。总体而言，1973 ～ 2016 年，改则气象站记录的温度变化是一个“高 – 低 – 高”的变化趋势。

狮泉河气象站记录的 1973 ～ 1984 年 UF 曲线小于 0[图 6.9(b)]，表明气温呈下降趋势；自 1984 年开始 UF 曲线大于 0，且在 1995 年超过显著性检验水平 0.01 临界线

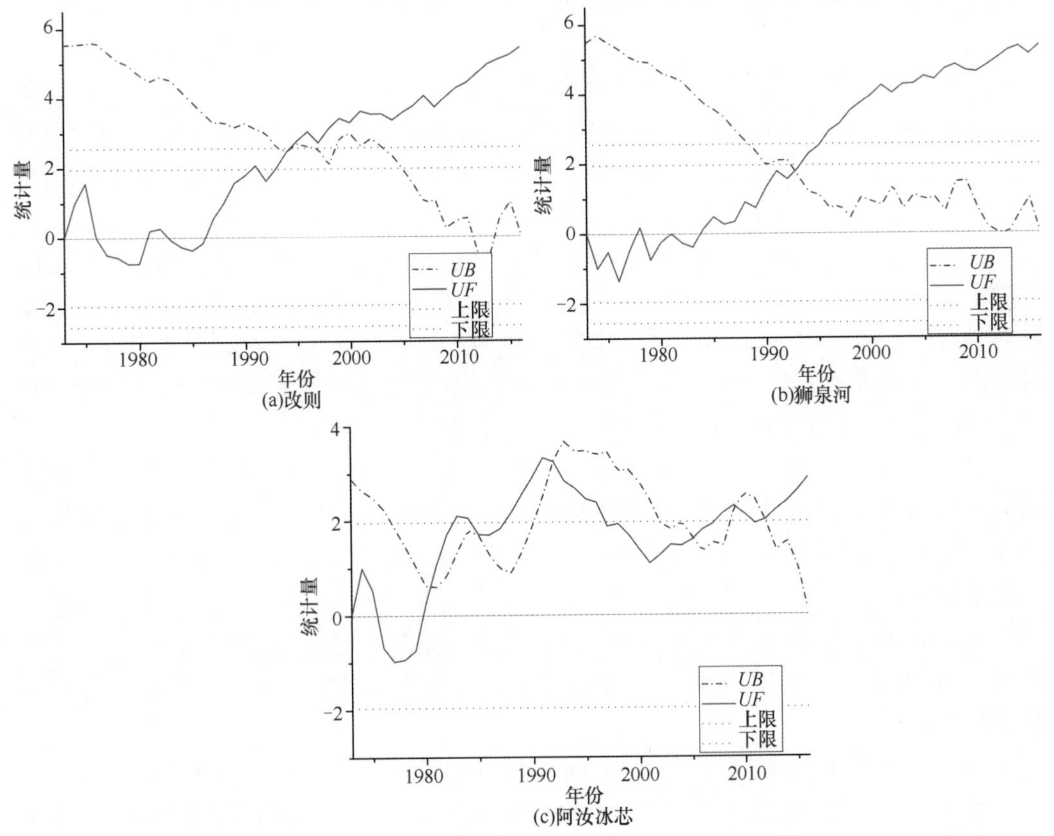

图 6.9　改则 (a)、狮泉河 (b) 夏季均温与阿汝冰芯 (c) 1973 ～ 2016 年记录的 M-K 统计量曲线

(μ=2.56)，说明 1984 年开始呈升温趋势，1995 年后升温趋势显著。进一步观察，发现 *UF* 和 *UB* 曲线在显著性水平 α=0.01 时的临界线之间存在一个交点，具体时间在 1993 年，说明狮泉河气象站记录的气温增暖是一突变现象是从 1993 年开始的。突变年份前后夏季平均气温距平分别是 –0.61℃和 0.7℃，气温上升 1.31℃。总体而言，狮泉河气象站记录的气候变化自 1973 ～ 2016 年是一个“低－高”的变化趋势。

阿汝冰芯 δ^{18}O 年变化记录的 1973 ～ 1976 年 *UF* 曲线大于 0[图 6.9(c)]，表明气温呈上升趋势；1976 ～ 1981 年 *UF* 曲线小于 0，表明气温呈下降趋势；1981 年开始 *UF* 曲线大于 0，且在 1988 年超过显著性检验水平 0.05 临界线 (μ=1.96)，说明 1981 年开始呈升温趋势，1988 年后升温趋势显著。*UF* 和 *UB* 曲线在显著性水平 α=0.05 时的临界线之间存在一个交点，时间在 1981 年，说明阿汝冰芯 δ^{18}O 年变化记录的气温增暖是一突变现象，具体是从 1981 年开始的，突变年份前后冰芯 δ^{18}O 年变化距平分别是 –0.57‰和 2.67‰，上升了 1.32‰，相当于气温上升了约 1.97℃。总体而言，1973 ～ 2016 年间，阿汝冰芯 δ^{18}O 记录的温度变化是一个“高－低－高”的变化趋势。

通过线性回归法和 M-K 趋势检验发现，在 1973 ～ 2016 年间，阿汝冰芯 δ^{18}O 以及改则、狮泉河气象站夏季均温记录的气温变化总体呈显著上升趋势，虽然气象站的增温幅度均低于阿汝冰芯记录的增温幅度。

2. 阿汝冰芯与古里雅冰芯记录对比

对比阿汝冰芯与邻近的古里雅冰芯 δ^{18}O 年变化共同记录的 1917 ～ 1991 年气温变化 (图 6.10) 发现，阿汝冰芯 δ^{18}O[图 6.10(a)] 最高值 –6.36‰与最低值 –14.45‰相差 8.09‰，古里雅冰芯 δ^{18}O[图 6.10(b)] 最高值 –9.47‰与最低值 –19.57‰相差 10.1‰，说明古里雅冰芯记录波动幅度较大；阿汝冰芯 δ^{18}O 记录的平均值为 –9.75‰，古里雅冰芯记录的 δ^{18}O 平均值为 –13.51‰，古里雅冰芯 δ^{18}O 均值比阿汝冰芯低 3.76‰，但两支冰芯钻取地直线距离约 145km，相对高程差仅 50 m，冰芯 δ^{18}O 平均值之差反映的气温差与高程依赖性不一致，这说明古里雅冰芯记录的 δ^{18}O 偏低可能与古里雅冰芯钻取自亚洲中部最大最高最冷的冰帽自然环境有关 (姚檀栋等，1994)。

通过计算两支冰芯 1917 ～ 1991 年 δ^{18}O 年变化记录的 M-K 统计量得知，阿汝冰芯 δ^{18}O 年变化记录的统计量 *Z* 为 2.53，古里雅冰芯 δ^{18}O 年变化记录的统计量 *Z* 为 3.43，均大于显著水平 0.05 的正态分布临界值 1.96，表明阿汝与古里雅冰芯 δ^{18}O 年变化记录的气温在过去 75 年呈显著上升趋势。由线性拟合方程可知，阿汝冰芯 δ^{18}O 记录的上升率约 0.17‰·$(10a)^{-1}$。根据中高纬地区降水同位素与温度的比值约 0.67‰·℃$^{-1}$ 可知 (Rozanski et al., 1993; Tian et al., 2006)，增温率约为 0.25℃·$(10a)^{-1}$，过去 75 年间累计增温幅度达到 1.9℃。

进一步将 M-K 检验法用于检验时间序列的突变情况 (魏凤英，2007)，对阿汝与古里雅冰芯 δ^{18}O 年变化记录的 1917 ～ 1991 年气温变化进行突变分析 (图 6.11)，发现阿汝冰芯 δ^{18}O 年变化记录的 1917 ～ 1938 年气温波动有所下降。1938 年开始，气温变

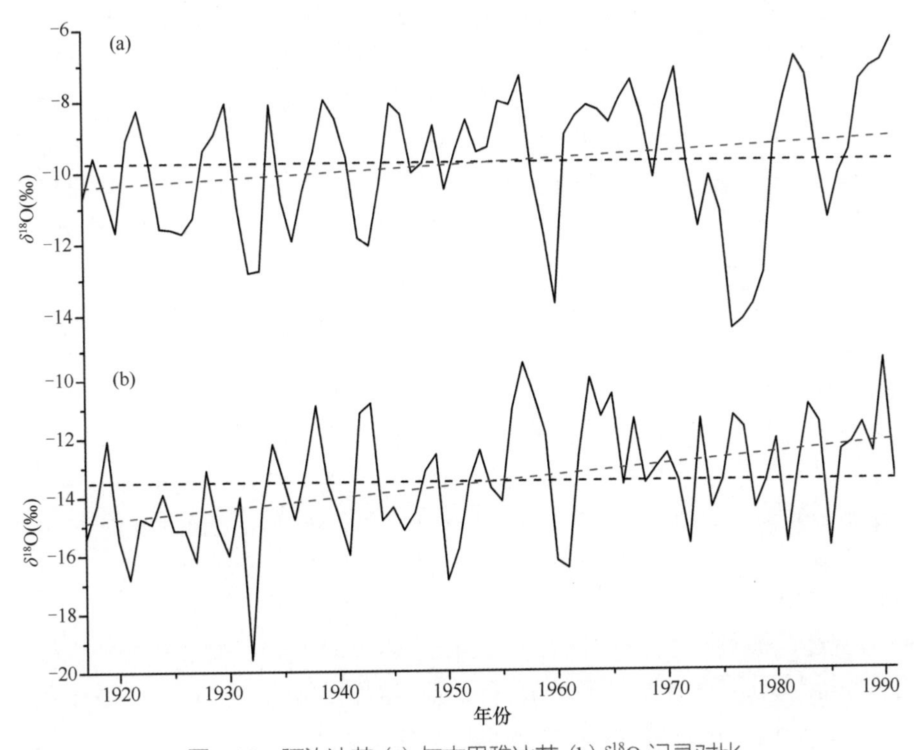

图 6.10 阿汝冰芯 (a) 与古里雅冰芯 (b) $\delta^{18}O$ 记录对比

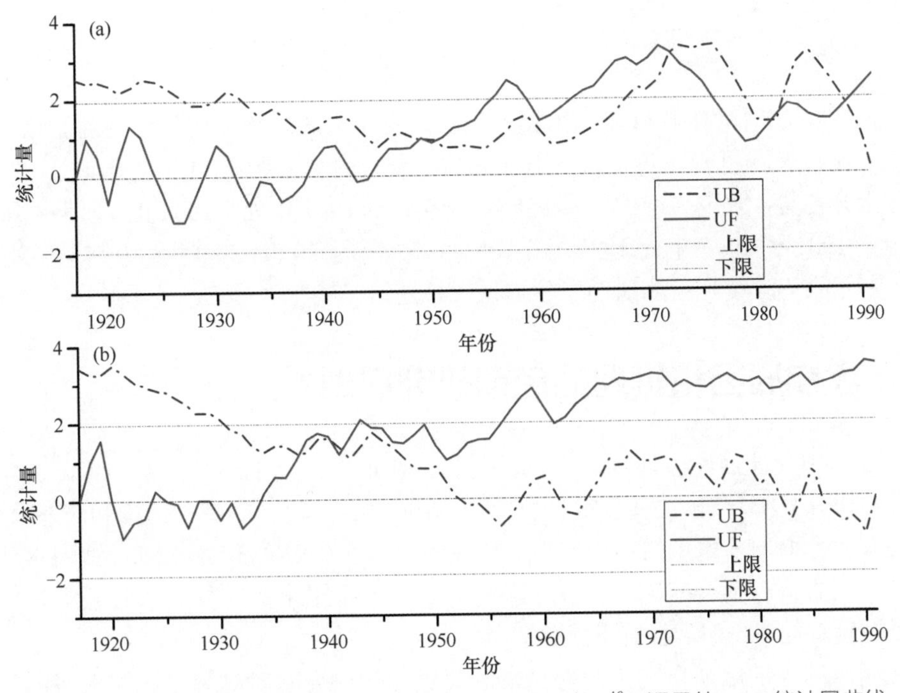

图 6.11 阿汝冰芯 (a) 与古里雅冰芯 (b) 1917 ~ 1991 年 $\delta^{18}O$ 记录的 M-K 统计量曲线

化呈波动上升趋势，并在 1956 ～ 1959 年、1963 ～ 1976 年、1989 ～ 1991 年超过显著性检验水平 0.05 临界线 (μ=1.96)，说明升温趋势显著，相对变暖的气候现象明显。进一步观察发现，*UF* 和 *UB* 曲线在显著性水平 α=0.05 时的临界线之间存在一个交点，具体时间在 1949 年，说明阿汝冰芯 δ^{18}O 年变化记录的 1917 ～ 1991 年气温变化在 1949 年出现由低－高的突变，突变年份前后冰芯 δ^{18}O 年变化距平分别为 –0.31‰和 0.43‰，上升了 0.74‰，相当于气温上升了约 1.1℃。总体而言，阿汝冰芯 δ^{18}O 年变化记录的气候变化在 1917 ～ 1991 年呈现一个温度升高的变化趋势。

古里雅冰芯 δ^{18}O 记录的 1917 ～ 1920 年呈波动升温趋势，1920 ～ 1934 年呈下降趋势。1934 年开始，气温变化呈上升趋势，并在 1956 年超过显著性水平 0.05 的临界线 (μ=1.96)，说明升温趋势显著。进一步观察发现，*UF* 和 *UB* 曲线在显著性水平 α=0.05 时的临界线之间存在一个交点，具体时间在 1937 年，说明古里雅冰芯 δ^{18}O 年变化记录的 1917 ～ 1991 年气温变化在 1937 出现由低－高的突变，突变年份前后冰芯 δ^{18}O 年变化距平分别为 –0.48‰和 1.33‰，上升了 1.81‰，相当于气温上升约 2.7℃。总体而言，古里雅冰芯 δ^{18}O 年变化记录的气候变化在 1917 ～ 1991 年呈现一个高－低－高的变化趋势。

综上所述，通过线性回归法以及 M-K 趋势检验得出，在 1917 ～ 1991 年间，阿汝与古里雅冰芯 δ^{18}O 年变化记录的气温变化总体呈显著上升趋势。基于此趋势，通过 M-K 突变检验得出，75 年间气温变化整体是一个升高的趋势，也就是自 20 世纪 30 年代开始气温上升，到 50 年代后期升温趋势显著，持续波动升温至 20 世纪 90 年代。

3. 小结

通过钻取的阿汝冰芯重建了冰崩区过去近百年来高分辨率的气温变化记录。结合邻近气象站以及古里雅冰芯记录的对比分析，发现阿汝冰芯 δ^{18}O 年变化记录的气温具有总体上升趋势，表现为 1917 ～ 1938 年、1976 ～ 1981 年处于相对低温时期；1938 ～ 1976 年、1981 ～ 2016 年处于相对高温时期，尤其是 20 世纪 80 年代以来增温显著。这一冰芯记录为理解阿汝冰崩的发生提供了长期的气候变化背景。

6.4 冰崩原因和机理的后期研究规划

上述对阿汝冰崩发生原因和机制的讨论，在很大程度上还是模拟和推测的结果。现阶段的研究表明，气候的变化很可能改变冰川的几何形态、热力学结构和液态水含量，从而在整体上增加了冰川的不稳定性。造成阿汝冰崩和 Kolka-Karmadon 冰崩事件的某些临时性因素，以及这些因素在发生条件和临界值范围上的差异，都暗示上述冰崩事件可以在没有任何先例的情况下发生。

在阿汝冰崩的冰崩扇完全消融后，需要进一步调查冰崩对基岩和地貌所产生的影响，从而在更广大的区域内搜寻可能的过去冰崩的痕迹，通过研究已有的冰崩事件来解释冰崩发生的原因和机制。这些冰崩事件是通过一系列罕见但不是唯一的因素的共同作用而导致的。阿汝 53 号冰川冰崩是否能够通过基岩或水文 – 水力学的并发效应来诱发阿汝 50 号冰川冰崩，还需进一步研究。预测冰崩的发生有助于进行冰崩预警。在全球变暖的背景下，青藏高原西部的冰川温度会发生如何的变化？温度的升高是否促进了冰崩的发生，如果是，那么冰崩发生的临界温度值是多少？这些都是确定冰崩发生的关键参数。但是，如何获得冰川底部的温度，目前在技术上还有很大的困难。根据脆性材料力学来确定冰崩的形态和强度计算公式，可能是理解冰崩发生机制的一个重要方向。这些仍是亟待研究的问题。

针对冰崩发生的机制问题，通过遥感、实地观测与模型模拟等多种手段，急需开展以下四个方面的研究。

6.4.1　冰崩发生的过程机理研究

以阿汝冰崩为重点研究对象，利用前一次冰崩事件进行冰川运动模型关键参数的率定，从而对第二次冰崩事件进行模型模拟，并对模拟的结果进行评估；观测冰川顶部积累量变化及裂隙产生等对于冰川动力学特征的影响，分析冰川运动的边界条件，揭示造成冰崩发生的物理机制；以经典冰川动力学为基础，考虑冰体塑性破裂及动力波传递等特殊物理过程对冰川物质再分配及三维冰川运动的影响，创新性地构建适用于青藏高原的冰崩运动模型，开展冰崩灾害发生条件、演变过程研究。

6.4.2　冰崩产生的气候机理研究

利用气象台站资料、再分析资料、冰芯与湖芯资料等，研究这一地区西风环流的演化历史、近期特征并预测未来趋势；研究冰川物质平衡变化与西风环流的关系，揭示大气圈与冰冻圈在这一地区的特殊作用过程；在遥感与实地观测的基础上，开展冰川灾害模型构建与模拟，着重开展冰川灾害发生的气候学机制、动力学过程及演变约束条件等研究。

6.4.3　地热异常对冰川变化影响研究

收集阿里地区冰川分布区地热异常分布数据，开展野外调查，结合冰川冰温度变化监测，研究地热异常可能对冰川变化产生的影响，评估地热变化导致冰川底部融水出现以及诱发冰川崩塌的可能性。

6.4.4　冰川运动与冰震研究

在理论上，如果能够记录到冰震、冰川运动在事件尺度上发生陡变，就有可能暗示冰川将接近发生冰崩的临界点。因此，构建青藏高原冰震、冰川运动的地震学和cGPS大地测量学观测体系，可以为冰崩发生提供机理解释和预测。这是冰川观测研究汇总的新技术和新手段。

此外，对历史上发生的冰崩遗迹进行调查，可以进行一些对比研究，结合当时的气候环境状况，可以更清楚地获得冰崩的发生机制和过程。随着深入地考察研究，在冰芯和湖芯记录、冰川现代过程观测、冰川cGPS运动观测、冰震观测等的基础上，将进一步揭示冰崩发生的机理，并应用于未来的冰崩预测。

第7章

阿汝冰崩对下游湖泊的影响

阿汝冰崩发生以后，科考队对下游的阿汝错和美马错进行了多次考察，综合评估了冰崩扇融化对湖泊的影响。2016 年 9 月，在第二次阿汝冰崩野外考察时，就在阿汝错和美马错开展湖水水位监测。2017 年 7 月对该区域野外考察时，完成了对阿汝错湖泊水深的详细测量。截至 2020 年 10 月，我们对下游阿汝错和美马错已经开展了连续五年观测，完成了两个湖泊的水深、水位、水质、湖温廓线、入湖径流和气象等综合观测，揭示冰崩发生后大量融水的注入对湖泊水位、水量、水质等的影响过程，从而深入理解冰川 – 湖泊变化的链式响应①。

7.1 阿汝错和美马错主要湖泊学参数

阿汝错与美马错处于一个流域内，2016 年阿汝错面积 105 km^2，美马错面积 171 km^2，流域集水面积 2338 km^2。阿汝错为过水湖，湖水由北部的出水口汇入美马错。阿汝错和美马错形状类似，均为狭长湖泊，其中阿汝错长 27 km，宽度 2 ～ 9 km；美马错长 36 km，宽度 2 ～ 8 km。对阿汝错水质测量表明，该湖的溶解固体总量（total dissolved solids，TDS）为 0.748 g/L，盐度为 0.562 g/L，电导率 1124 μs/cm。可见该湖湖水盐度与纳木错相当（0.894 g/L），属于微咸水湖。2017 年 10 月对美马错的水质测量表明，该湖的 TDS 为 8.28 g/L，盐度为 6.22 g/L，电导率 12390 μs/cm，属于咸水湖。

阿汝错和美马错的测深工作分别于 2017 年 7 月和 2018 年 10 月完成。湖水水深测量采用 Garmin GPS421s 测深仪，测量间隔为 3 s。为了获取冰崩对湖底地形的影响，我们对冰崩扇附近的水深进行了加密测量，以便获取更加详细精确的湖底地形。在阿汝错共获得 16100 个水深测量点，在美马错共获取 18000 个水深测量点。以 2017/2018 年湖岸线作为边界，将水深测量结果在 Arcgis10 下进行插值（TOPO to Raster），绘制成水下地形和湖水等深线，并计算湖泊总储水量。早期卫星遥感图像显示，1990 年代美马错湖水水位较低，分为南北两个独立的湖盆，2000 年后水位快速上涨，两个湖盆才合并到一起。由于美马错的湖岸线变化较大，我们根据实测水深和卫星影像重建了 1994 年湖岸线的水深，并将这一数据也用于绘制美马错等深线。

阿汝错和美马错的等深线如图 7.1 所示，其中阿汝错由南北两个湖盆构成，北部湖区实测最大水深 20 m，南部湖区实测最大水深 35 m，连接两个湖盆的中间区域相对较浅，该处的最大水深为 11 m。阿汝错的平均水深为 17.6 m，总储水量为 17.9×10^8 m^3。与阿汝错相似，美马错也由两个湖盆构成，北部湖区是美马错的主体，2018 年 10 月份实测的最大水深为 42.6 m；南部湖区面积较小，实测最大水深为 20.5 m。美马错平均水深 20.0 m，总储水量 34.9×10^8 m^3。可以看出，美马错的储水量大约是阿汝错的两倍。

7.2 冰崩对阿汝错地形地貌的影响

已有研究结果表明，第一次阿汝冰崩（阿汝 53 号冰川）快速滑行 6 ～ 7 km 后进入阿汝错，冰崩体最高时速可达 70 ～ 90 km/h（Tian et al.，2017；Kääb et al.，2018）（图 7.2）。

① 本章部分内容已发表（Lei et al.，2021）。

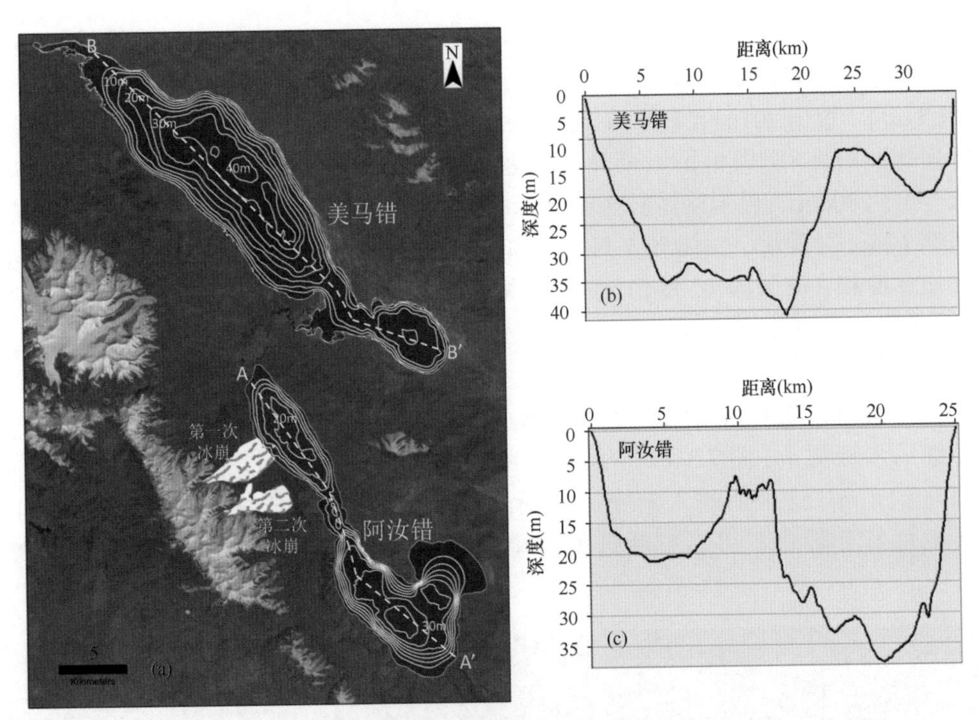

图 7.1　阿汝错和美马错等深线和沿长轴上的水深剖面 (a)、美马错 B-B′ 剖面 (b) 和阿汝错 A-A′ 剖面 (c)

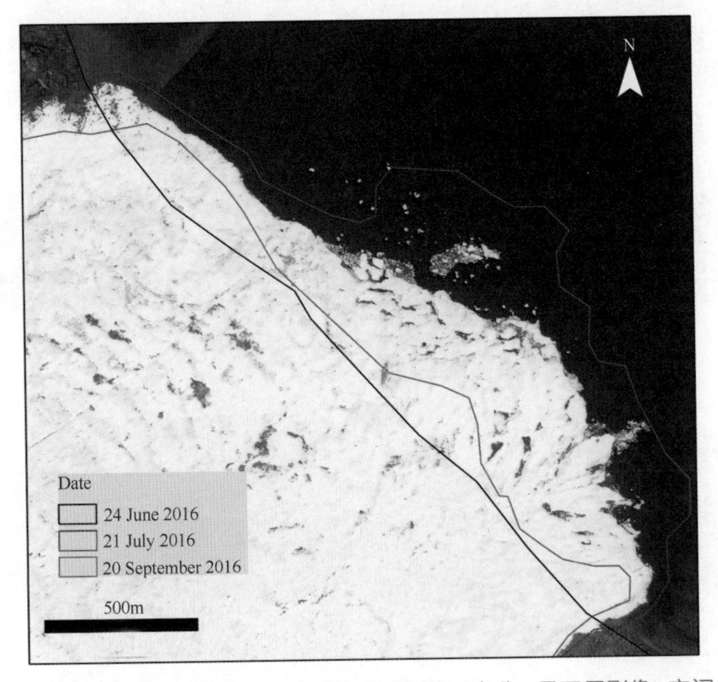

图 7.2　2016 年 7 月 25 号第一次冰崩进入阿汝错的遥感影像（高分 2 号卫星影像，空间分辨率为 0.8 m）
黑线为 2016 年 6 月 24 号阿汝错湖岸线 (Landsat-8 卫星影像)，红线为 2016 年 7 月 21 号冰崩扇边界 (Sentinel-2 卫星影像)，蓝线为 2016 年 9 月 20 号冰崩体边界 (Landsat-8 卫星影像)

冰崩体产生的巨大冲击力在阿汝错形成湖啸。野外考察时发现，湖啸在对岸长达 10 km 的湖岸线上留下清晰的冲刷痕迹，最远处距离湖岸达 240 m，高出阿汝错湖面达 9 m [图 7.3(a)]。根据 2016 年 7 月 21 号的 Sentinel-2 卫星遥感影像显示，冲入阿汝错湖中的冰崩体面积为 8.9×10^5 m^2，南北宽度达 2250 m，冰崩体平均向湖中推进约 400 m，最远处可达 800 m。由于冰体密度较小且湖水温度较高，进入阿汝错的冰体在数周内分散到整个湖面并融化。2016 年 7 月 25 号的高分二号亚米级卫星影像显示，进入阿汝错的冰崩体面积在 4 天内（7 月 21 号至 25 号）减少约 1/3，但冰崩体周围的浮冰仍清晰可见（图 7.2）。至 2016 年 9 月 20 号，Landsat-8 卫星影像显示，进入湖中的冰体已基本融化完毕。

为了查清冰崩对附近湖底地形影响，我们对阿汝第一次冰崩扇附近的水域进行了详细的水深测量 [图 7.3(b)]。结果表明，进入阿汝错中的冰崩体最大边界处湖水水深达到 8 m，这说明进入湖中冰体的厚度至少达到 8 m。根据 2016 年 7 月 21 号冰体的面积和厚度，可以推断进入湖中的冰崩体体积至少为 7.1×10^6 m^3。水深测

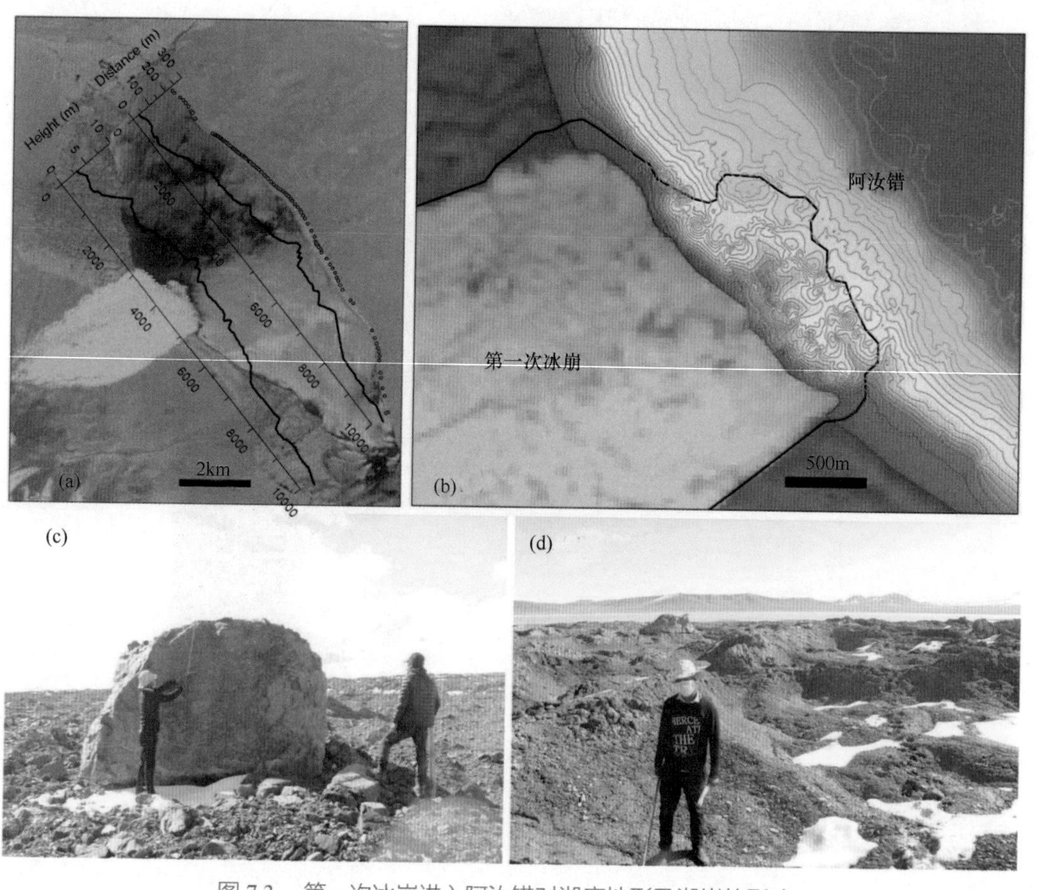

图 7.3 第一次冰崩进入阿汝错对湖底地形及湖岸的影响

(a) 为冰崩进入阿汝错形成湖啸并在对岸形成明显的冲刷痕迹；(b) 为冰崩扇附近湖底地形，粗实线为 7 月 21 号的冰体范围；(c)(d) 分别为冰崩融化后留下的碎屑物质

量结果还显示，冰崩体覆盖区域的水下地形起伏较大，湖水水深会有数米的突然变化，这与附近水域存在明显差别 [图 7.3(a)]，推测可能是冰崩携带大量碎屑物质（包括直接推入和消融后沉降）进入湖中导致。另外，湖底地形起伏较大区域的范围要明显大于 7 月 21 号 Sentinel-2 卫星影像中冰崩体的范围（图 7.2 中的红线，图 7.3(b) 中的黑线），说明在冰崩发生后的 4 天时间里，已有大量冰体分散到湖中或融化。在水深大于 15 m 的区域，湖底地形再次变得平坦，说明冰崩体没有到达这一区域。

2019 年 10 月，我们再次对两个冰崩扇进行了考察，这时第一次冰崩扇已经完全融化，第二次冰崩扇绝大部分也已经融化（见本书第 4 章）。考察发现，第一次冰崩扇上堆积了较多的碎屑物质（厚度 0.3 ～ 1.0 m），表面起伏较大 [图 7.3(c)，(d)]。碎屑物质以粉砂和黏土为主，中间夹杂着部分石块。冰崩扇上也发现有少量巨石存在，最高可达 2 m[图 7.3(c)]。考察过程中在阿汝错的湖岸边也发现有直径达 1 m 的巨石，说明冰崩将大量碎屑物质带入到湖中，这也间接解释了冰崩扇边缘附近湖底地形为什么会有较大的起伏。由于大量碎屑物质的带入，阿汝错西侧的湖岸线向湖内有明显推移，最远处可达 100 ～ 120 m。

7.3　冰崩扇融化速度估算

根据给出的冰崩扇体积和面积 (Kääb et al.，2018)，可以估算阿汝第一次和第二次冰崩扇上冰体的平均厚度分别约 7.5 m 和 15 m。冰体厚度的不同导致了融化时间的差异。第一次冰崩扇在经历 2016 和 2017 年的两个夏天后，已经基本融化完毕（见本书第 4 章）。根据 2015 年 11 月 25 日的 SPOT-7 和 2018 年 8 月 28 日的 Pléiades 影像（图 7.4），计算了冰崩扇高程的变化，发现这两个时期冰崩扇高程变化几乎为零 (–0.10±0.50 m)，

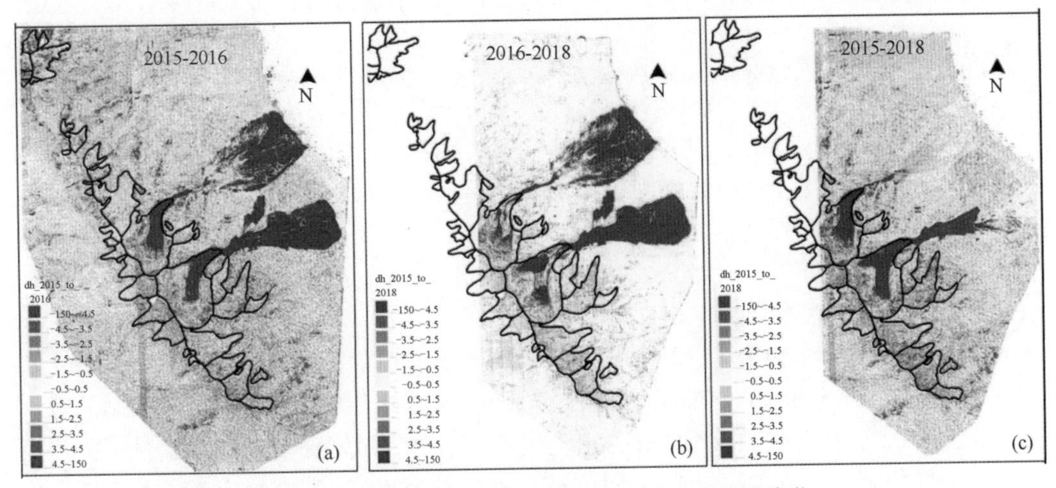

图 7.4　SPOT-7 和 Pléiades 影像提取的冰崩扇高程变化

(a) 为 2015-11-25 至 2016-10-1；(b) 为 2016-10-1 至 2018-8-28；(c) 为 2015-11-25 至 2018-8-28

说明整个第一次冰崩扇在2018年8月就已基本融化完毕。阿汝第二次冰崩扇由于厚度较大，融化持续时间相对较长。2019年10月，第二次冰崩扇上部仍有少量冰体未融化，残留面积约为1.9 km^2，约占总面积的29 %。通过2011年11月和2020年1月两期ASTER DEM高程对比，发现阿汝第二次冰崩扇剩余冰体的体积约为31.8±3.8×10^6 m^3，相当于总体积的30 %。

我们根据不同时期冰崩扇面积变化和实测的冰崩扇厚度变化，估计了冰崩扇的年融化量。在计算过程中，不考虑冰面升华和其他类型的水分损失，因为这些损失量与冰体的快速融化相比要小的多（Li et al., 2019）。根据阿汝第一次冰崩扇9个点的实地观测数据，2016年8月13日至2016年10月24日，冰崩扇平均变薄了约2.84 m，冰体体积减少25.4×10^6 m^3（表7.1）。再加上滑入阿汝错的冰体体积7.1×10^6 m^3（见上面的讨论），阿汝第一次冰崩扇在2016年的融化量约为29.2×10^6 m^3（冰密度按900 kg·m^{-3}计算）。考虑到阿汝第二次冰崩发生在2016年9月底，而研究区10月初气温已经接近0℃，故阿汝第二次冰崩扇在2016年的融水量没有考虑。

表7.1　2016 ~ 2019年冰崩扇融化量及对美马错水位上涨的贡献

时间	第一次冰崩			第二次冰崩			总融化量$ (10^6 m^3)	对湖泊扩张的贡献 (%)
	面积* (km^2)	消融厚度 (m)	融化体积# (10^6 m^3)	面积* (km^2)	融化厚度 (m)	融化体积 (10^6 m^3)		
2016/07 ~ 2016/10	9.3 → 8.6	2.8±0.1	32.5±1.9				29.2±1.8	40.0±1.0
2016/10 ~ 2017/10	8.6 → 0	6.6±0.2	35.5±2.1	6.5 → 4.8	5.5±0.2	31.2±1.9	60.0±3.6	32.2±2.1
2017/10 ~ 2018/10				4.8 → 3.0	5.5±0.2	21.3±1.3	19.2±1.2	13.6±0.7
2018/10 ~ 2019/10				3.0 → 1.9	5.5±0.2	13.3±0.8	12.0±0.7	9.9±0.4

* 表中的箭头代表开始时间（S_1）和结束时间（S_2）的冰崩扇面积。

冰体体积减少量根据圆台公式计算得到：$V=\frac{1}{3}\times(S_1+S_2+\sqrt{S_1\times S_2})\times dh$，$dh$ 代表冰崩扇融化厚度，S 代表起始时间冰崩扇的面积。

$ 计算融水体积时冰的密度按900 kg/m^3计算。

2017年两个冰崩扇的融化幅度最大。实测结果表明，2016年9月至2017年9月，阿汝第一次和第二次冰崩扇分别为融化（高度降低）了6.5 m和5.5 m。阿汝第一次冰崩扇2017年几乎全部融化完毕，故2017年第一次冰崩扇的融水量为2016年所有剩余冰体，即35.5×10^6 m^3。阿汝第二次冰崩扇的融水量为31.2×10^6 m^3。因此，2017年阿汝两个冰崩扇的总融水量约为66.7×10^6 m^3。

2018年10月和2019年10月，阿汝第二次冰崩扇的残留面积分别为3.0 km^2和1.9 km^2。假设2018和2019年的冰体融化速率与2017年相当，则这两年冰崩扇的融水量分别为19.2×10^6和12.0×10^6 m^3。由上述计算可知，截止到2019年10月，阿汝第二次冰崩扇的剩余冰量大约为17.2×10^6 m^3，这与根据ASTER DEM估算的剩余冰量基本一致（图7.5）。

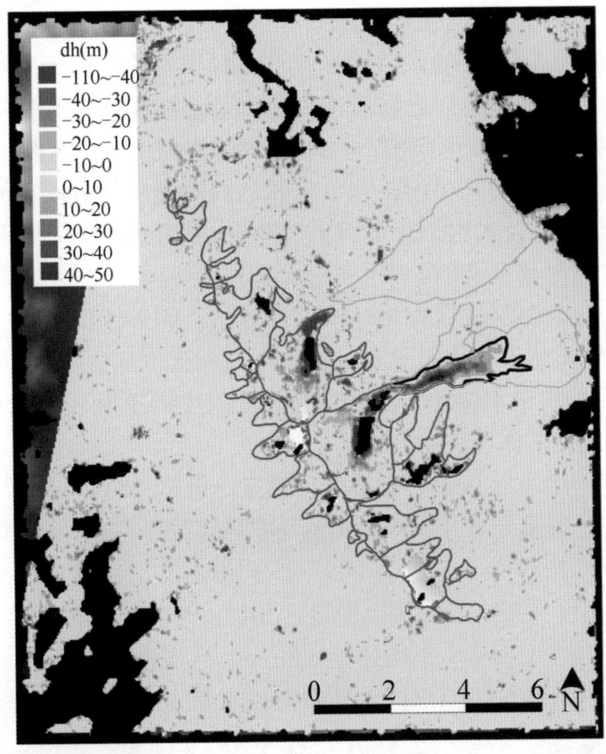

图 7.5　ASTER DEM 提取的 2011/2012 年 11 月至 2020 年 1 月冰崩扇区高程变化

7.4　冰崩对美马错水位季节变化的影响

阿汝错是一个过水湖，故冰崩扇融化对湖泊水位变化的影响主要发生在更加下游的美马错。我们首先根据 2016 ～ 2019 年的实测水位变化分析阿汝错和美马错水位季节性变化特征及其水文关联，然后分析冰崩扇融化对美马错水位季节变化的影响。如图 7.6 所示，阿汝错水位具有明显的季节性波动，最低水位出现在 5 月下旬，最高水位出现在 8 月下旬。由于大气降水和冰雪融水主要发生在夏季，每年 6 ～ 8 月阿汝错湖水水位出现明显上升，幅度为 30 ～ 50 cm。雨季结束后，阿汝错水位在 9 ～ 10 月显著下降约 20 ～ 30 cm。每年 11 月到次年 4 月湖面结冰期间，阿汝错水位缓慢下降 10 ～ 15 cm。5 月初湖冰融化后至季风降水开始前，阿汝湖水位继续缓慢下降。

与阿汝错相比，美马错湖水水位没有呈现出明显的季节性变化特征，全年湖泊水位一直呈上升趋势，表明美马错水位的上升不仅发生在暖季，也发生在冷季（图 7.6），这与高原中东部多数湖泊存在显著差异。美马错在湖面结冰期间（每年 11 月至次年 5 月），水位上升约 30 cm，与 6 ～ 8 月暖季水位升高幅度相当甚至更大。实测的美马错湖泊水位变化也证实了青藏高原西部湖泊冷季水位显著上升的事实 (Lei et al., 2017)。结冰期湖泊水位上升速率非常稳定，说明这一时期的湖水补给也很稳定。暖季湖泊水位上升主要与夏季降水和冰雪融水有关；而在冬季结冰期，由于温度低几乎没有地表径流，因此我们推测这一时期湖泊水位上升可能与地下水的补给有关。值得一提的是，冻结期内阿汝错湖泊水量的减少仅占美马错湖泊体积增加量的20%～30%，说明这一时期阿汝错湖水排泄对美马错湖水的盈余贡献有限。

我们通过阿汝错和美马错湖泊水位变化的时间相位差分析了两个湖泊之间的水文关联。图7.6所示，阿汝错水位在7月上旬开始快速上升，比美马错提前半个月左右，同时阿汝错湖水位快速上升的结束时间也比美马错早半个月左右。两个湖泊水位变化存在时间相位差，表明阿汝错作为过水湖对美马错的水位（水量）变化起到一定缓冲作用，即在夏季阿汝错湖水大量储存，在秋季释放到美马错中。9月初，阿汝错水位下降约10cm，约占美马错水量增加的90%，表明阿汝错作为一个过水湖，对美马错的水量平衡起着重要的调节作用。

基于冰崩前与冰崩后水位的季节变化幅度，可以探讨冰崩扇融化对美马错水位季节变化的影响。这里我们使用CryoSat-2卫星测高数据（2011～2017年）和实测水位变化数据（2017～2018年）来计算过去10年来暖季（5月至9月）和冷季（10月至5月）的水位变化幅度（图7.7）。可以看出，2011～2015年冷季湖水位上升幅度平均值为0.35 m，而2016～2019年平均值为0.36 m，冰崩前和冰崩后冷季水位变化幅度相差不大。然而，美马错暖季湖泊水位上升幅度在冰崩前后却有较大差异。2011～2015年，暖季水位上升的幅度在–0.2～0.36 m之间，平均0.12 m。2016～2019年，暖季水位上升幅度在0.24～0.54 m，平均0.39 m。可以看出，由于冰崩扇融化主要发生在夏季，阿汝冰崩发生后，暖季湖泊水位上涨幅度明显增大，但冬季水位上涨幅度没有明显变化。根据冰崩扇融化量和美马错水位上涨幅度，可以估算出冰崩扇融水对夏季湖泊水位上

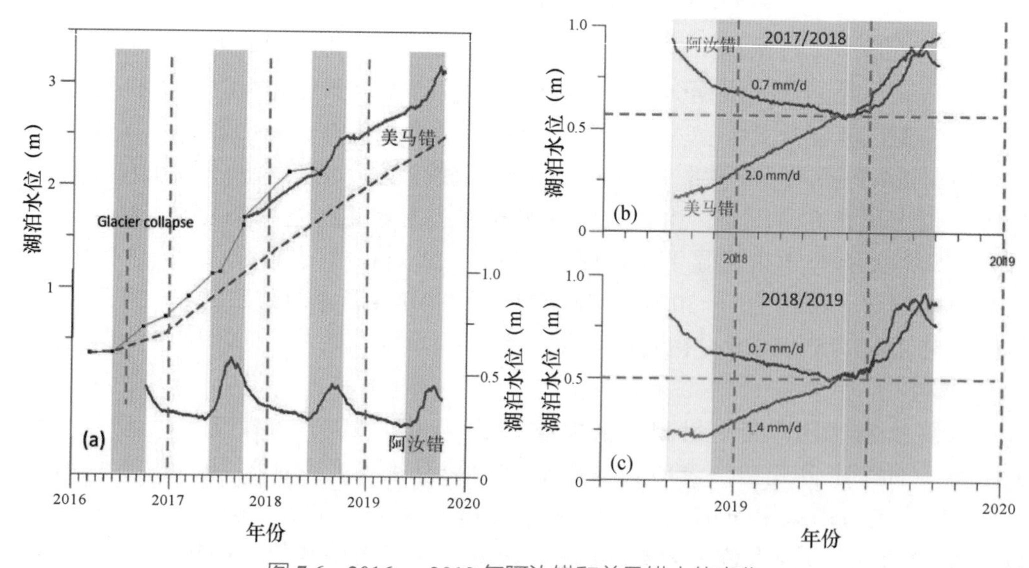

图7.6　2016～2019年阿汝错和美马错水位变化

(a) 为2016～2019年阿汝错和美马错连续水位变化，其中黑色圆点为CryoSat-2卫星测高，红色虚线为没有冰崩融化情况美马错下水位变化；(b)(c) 分别为2017/2018和2018/2019年度美马错和阿汝错水位季节变化对比

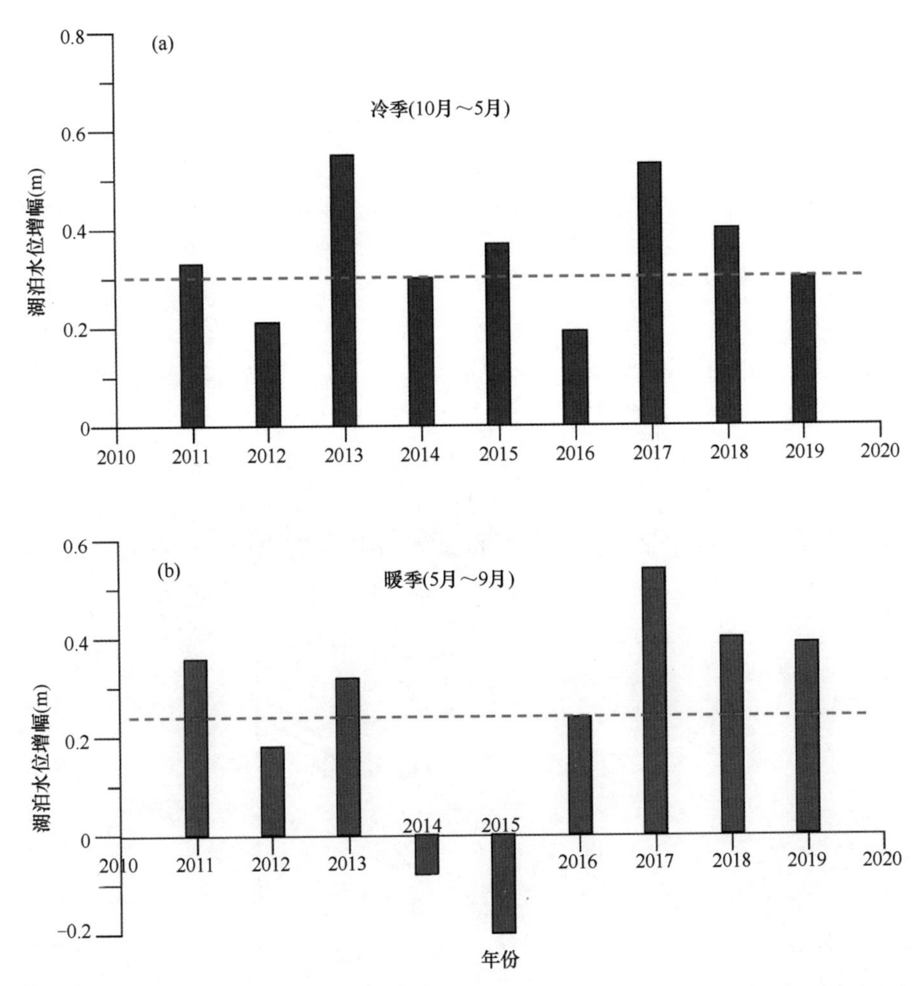

图 7.7　2011 ～ 2019 年美马错冷季（10 月～ 5 月）(a) 和暖季（5 月～ 9 月）(b) 水位变化幅度

升的贡献可达 45%。因此，冰崩扇的融化对美马错夏季湖泊水位快速增长具有重要贡献。

7.5　冰崩对美马错扩张的贡献

基于卫星遥感数据和实地水深测量结果，重建了 1972 ～ 2018 年美马错水位、面积和水量变化。2003 ～ 2018 年湖泊水位变化可以通过 ICESat 和 CryoSat-2 卫星测高数据获取。ICESat 和 CryoSat-2 卫星测高数据采用不同的坐标系统和大地水准（Song et al., 2015），需要先将两套测高数据进行校正。这里我们假设阿汝错作为外流湖泊，每年枯水季节（5 ～ 6 月）的湖水水位是不变的。通过比较阿汝错枯水季节水位数据，发现这两套坐标系统的高程差为 0.37 m，因此我们用这个差值对两套卫星数据进行了校正。2003 年之前的湖泊水位变化主要通过早期湖岸线位置和水深测量进行重建（Lei et al., 2012）。重建结果表明，美马错 1972 年、1994 年、1999 年、2004 年和 2014 年湖泊水位分别比 2018 年 10 月份降低了 10.4±0.6 m，12.3±0.3 m，12.5±0.3 m，8.3±0.3 m，3.1±0.3 m。根据湖泊面积和同期水位，可以建立两者的二项式关系式如下：

$$y=-0.1077\times x^2+2.8468\times x+176.81$$

其中，y 为湖泊面积（km^2），x 为湖泊水位（m）。基于此，我们利用多期早期湖泊面积重建了 1972 年以来的湖泊水位和水量变化。为了验证重建结果，我们将重建的湖泊水位变化与 2003 ～ 2018 年卫星测高数据进行了比较（图 7.8）。结果显示，重建结果与卫星测高数据之间存在很好的一致性，说明我们重建的湖泊水位变化历史是可靠的。

如图 7.8 所示，1970 年代以来美马错湖泊变化可分为两个不同时期，其中 1972 ～ 1999 年为湖泊萎缩时期，水位下降累计达 2.1±0.3 m，面积减小 9.2%。2000 年以来，美马错处于快速扩张时期，2000 ～ 2018 年水位累计上升 12.5±0.3 m。1972 ～ 2018 年间，美马错水位和水量分别增加了 10.4±0.6 m 和 1.62±0.11 Gt（从 1.86 到 3.49 Gt）。可以看出，美马错 1999 年之前的萎缩期和 2000 年以来的快速增长期与青藏高原大多数内陆湖泊变化是相似的（Lei et al.，2014）。诸多研究表明，20 世纪 90 年代末以来，

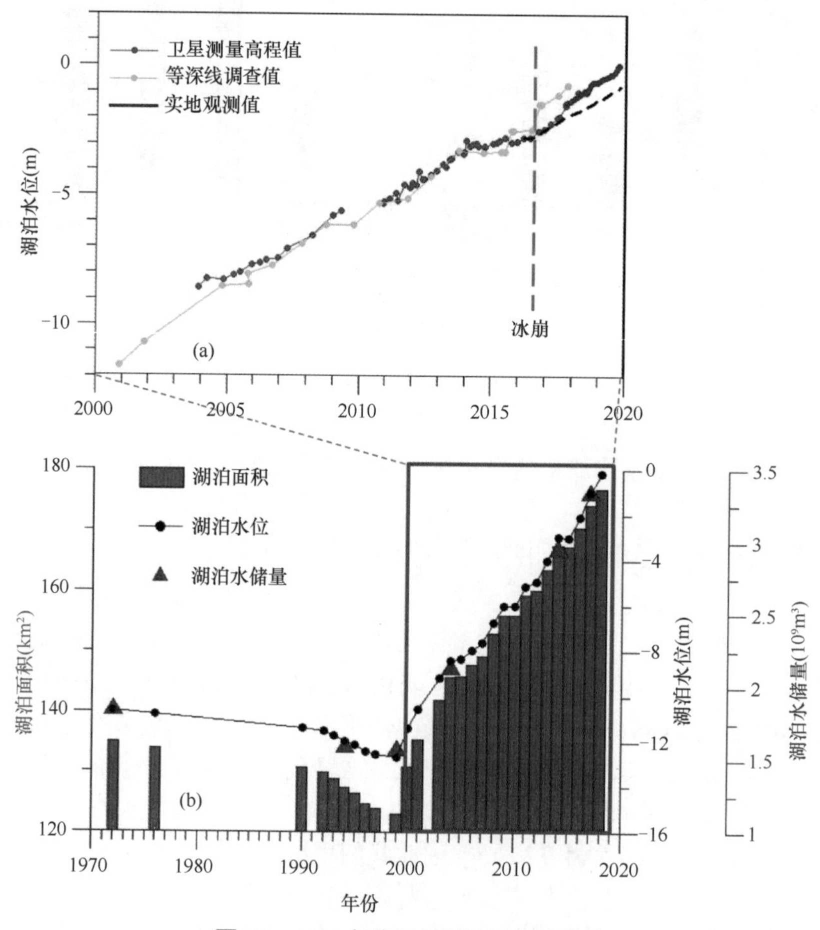

图 7.8　1970 年代以来美马错水位变化

青藏高原内陆区的降水量显著增加（Yang et al.，2014；Treichler et al.，2019），从而导致了湖泊的显著扩张（Lei et al.，2014）。

2016 年阿汝冰崩发生后，美马错扩张速度比前期显著加快。2003 ～ 2014 年间，美马错水位以 0.59 m/a 的速度稳步上升。受 2015/2016 年超级厄尔尼诺事件影响，2015 年研究区湖泊扩张出现停滞（Lei et al.，2019）。2016 ～ 2019 年，美马错水位以 0.80 m/yr 的速度上升，水位和储水量分别上升 3.0 m 和 0.52 Gt，扩张速度比 2003 ～ 2014 年增加约 30%。假设所有冰崩扇融水都被转移到美马错，则 2016 ～ 2019 年冰崩扇融水对美马错扩张的贡献可达 23.3%。可以看出，如果没有冰崩扇融水的贡献，2016 年之后美马错扩张速率与 2003 ～ 2014 年之间应当是接近的。

我们进一步评估了年际尺度上冰崩扇融水对美马错扩张的贡献。2016 年，冰崩扇融化主要发生在第一次冰崩扇，这一年美马错水位升高 0.43 m。2017 年，冰崩扇融化达到最大，这一年美马错扩张也最为迅速，水位上升 1.07 m。2018 年和 2019 年，随着冰崩扇融水减少，美马错的扩张也有所放缓，水位分别上涨 0.8 m 和 0.69 m。同样，假设所有融水都被转移到美马错中，在 2016 ～ 2019 年的 4 年中，冰崩扇融水对美马错水位上升的贡献分别为 40.0%、32.2%、13.6% 和 9.9%。

美马错的持续扩张可能会进一步导致其与阿汝错的联通合并，并对区域生态环境产生重要影响。ICESat 卫星测高数据显示，2003 年阿汝错的水位（4936.8 m a.s.l）比美马错（4923.2 m a.s.l）高出约 14 m。CryoSat-2 卫星测高数据显示，由于美马错的持续扩张，至 2014 年两个湖泊之间的高差已经减小到约 8m。冰崩发生后，美马错再次加速扩张，至 2019 年 10 月，美马错的湖面高程达到 4931.3 m a.s.l，两个湖泊之间的高差缩小至 5.5 m。若以 2003 ～ 2019 年的水位上升的平均速率或 2016 年以来的平均上升速率估算（0.5 ～ 0.8 m/a），美马错的水位将在 7 ～ 11 年内与阿汝错齐平。根据重建的美马错面积与水位的关系，当美马错湖面上升 5 m 时，其面积和储水量将比 2019 年分别增加 10.6% 和 0.65 Gt。目前美马错为盐湖，阿汝错为微咸水湖。如果两个湖泊合并联通，美马错湖水将被稀释，而阿汝错湖水盐度将显著增加。这两个湖泊中生态系统也将由于湖泊盐度的变化而发生显著变化。因此，有必要未来几年在阿汝错和美马错继续开展包括湖泊水文、气象、水质和生态等的全面监测。

7.6　阿汝冰崩对湖水表面温度的影响

由于冰崩扇融水温度显著低于湖水，大量冰体融水的注入会显著影响湖水温度。我们通过 MODIS 8 天合成产品（Terra-MOD11A2 和 Aqua-MYD11A2）研究了阿汝错和美马错 2015 ～ 2019 年湖表面温度变化，尽管容易受到云的影响，这一产品在青藏高原湖泊表面温度研究中还是有较多应用（Wan, 2013; Ke et al., 2014; Zhang et al., 2014）。阿汝错和美马错湖表面温度的季节变化如图 7.9 所示，阿汝错湖面结冰时间一般从 11 月初到次年 5 月初，湖冰持续时间约 6 个月。每年 5 ～ 8 月，湖水表面温度从 2℃快速上升到 12℃左右，9 月份之后湖水温度逐渐下降。美马错湖冰物候比阿汝错略有推迟

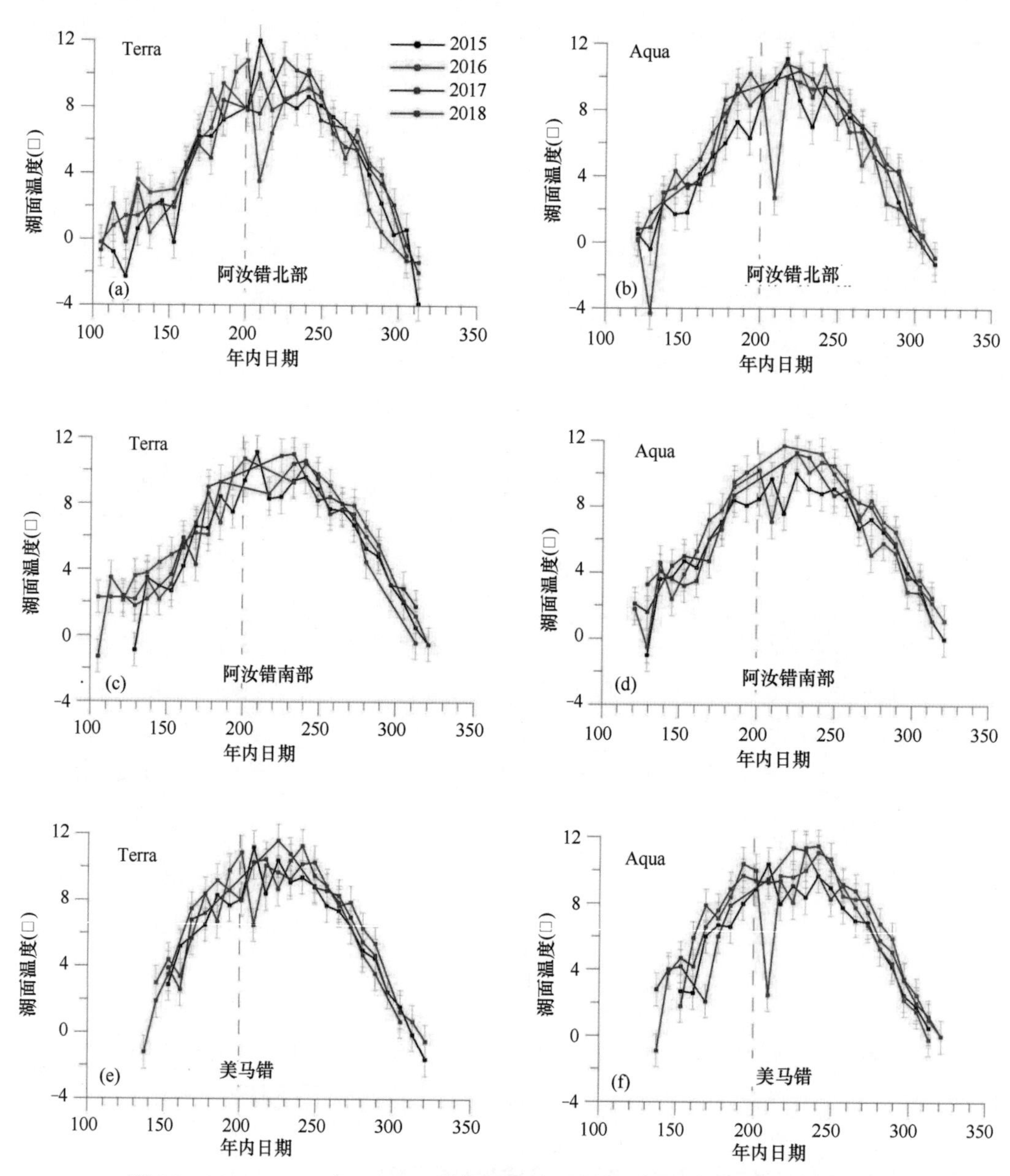

图 7.9 2015 ～ 2018 年 MODIS 数据提取的阿汝错和美马错湖表面温度的变化

(a) (b) 分别为阿汝错北部湖区湖表面温度；(c) (d) 阿汝错南部湖区湖表面温度；(e) (f) 美马错湖表面温度

（图 7.9），通常从 11 月底持续到次年 6 月初。将 MODIS 反演的湖表面温度数据与实测的岸边湖水温度数据进行比较发现，虽然季节变化相似，但在春季和夏季，实测的岸边湖水温度显著高于 MODIS 提取的湖中心表面温度，这是因为 MODIS 数据测量的是湖中心温度，而实测的湖水温度是岸边水深 30 ～ 70 cm 处的温度。

MODIS Terra 和 Aqua 数据均显示，阿汝错湖面温度在第一次冰崩后突然降低了 2 ～ 4℃（图 7.9）。美马错湖表面温度也出现了类似的下降，但幅度较小，持续时间也更短（图 7.9）。我们将湖面温度显著下降归因于进入阿汝错冰崩扇的浮冰所致。2016 年 7 月 25 日的高分辨率（亚米级）高分二号卫星图像显示，浮冰仍分布在阿汝错表面（图 7.2），浮冰的融化导致湖表面温度下降。大约两周后，湖面温度恢复正常。

我们进一步利用 MODIS 数据研究了冰崩前（2016 年 7 月 11 日）和冰崩后（2016 年 7 月 27 日）湖面温度的空间差异。如图 7.10 所示，第一次冰崩发生前的 7 月 11 号，阿汝错北部湖表面温度显著高于南部，这可能是由于北部湖区水深相对较浅，湖水储热量小，所以升温速度要高于南部湖区。而冰崩发生后的 7 月 27 号，阿汝错北部湖面温度要显著低于南部，这可能是由于北部湖区离冰崩更近，浮冰更容易影响到该区域。同样的情形也发生在美马错，冰崩后湖面温度由南向北逐渐升高，可能说明阿汝错温度较低的湖水及浮冰通过河流（10 ～ 20m 宽）流入美马错，进而对美马错湖面温度产生影响。

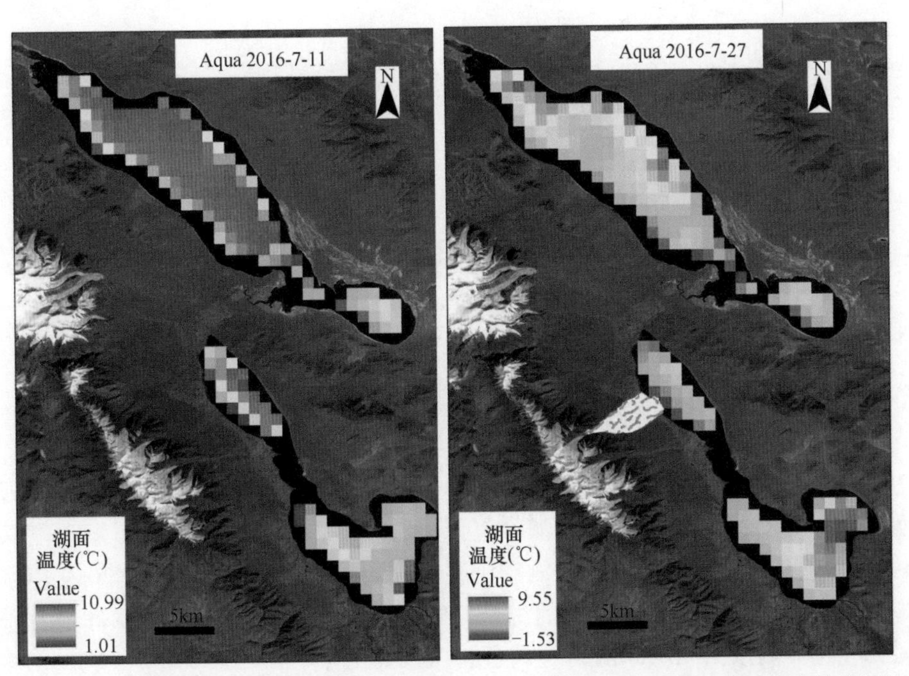

图 7.10　冰崩前（2016-7-11）和冰崩后（2016-7-27）阿汝错和美马错湖水表面温度的空间分布

阿汝错北部湖区距离两次冰崩更近。我们对此进一步比较了冰崩前后阿汝错南部和北部湖区温度的差异（图 7.11）。在冰崩发生前的 2015 年，阿汝错南部和北部湖区湖表面温度在 7 月和 8 月没有明显差异。冰崩发生后的 2016 年 8 月，阿汝错北部湖表面温度比南部低约 1 ～ 2℃（图 7.11）。2017 年和 2018 年夏季也存在类似情况。这种空间差异可能与冰崩融化冷水注入有关，如图 7.2 所示，第一次冰崩发生后约 7.1×10^6 m^3 冰体快速进入阿汝错并在短期内融化。由于融水的温度要明显低于湖水，这就导致了阿汝错北部的湖水温度显著低于南部。需要指出的是，由于受云的影响，MODIS 湖表面温度产品在夏季存在较多缺失值，冰崩导致湖面温度变化的详细过程尚不完全清楚，还需要结合更多的卫星数据来进一步研究。

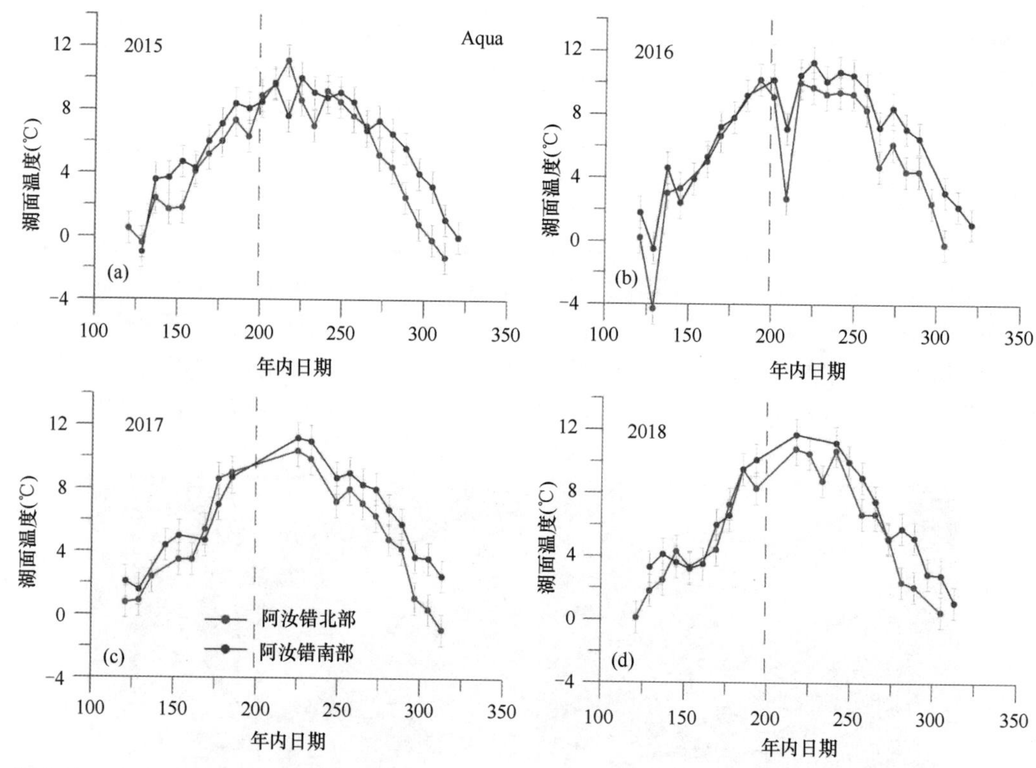

图 7.11　2015 ～ 2018 年阿汝错北部湖区（红色圆点）和南部湖区（蓝色圆点）湖表面温度变化比较

7.7　主要结论

2016 年 9 月以来，我们对西藏阿里地区日土县阿汝冰崩下游的两个湖泊（阿汝错和湖美马错）进行了系统的野外观测，包括大气气象、冰体融化速度、湖泊测深和水位变化观测等等。基于大量野外观测和卫星数据，本书评估了 2016 ～ 2019 年冰崩对下游湖泊地貌、水位和表面温度等的综合影响。截至 2019 年 9 月，两次冰崩几乎已经基本融化完毕（阿汝第二次冰崩扇还剩余约 30%）。

阿汝第一次冰崩携带大量碎屑物质快速进入阿汝错，在湖中产生巨大的冲击波，在对岸可见清晰的冲刷痕迹。滑入阿汝错的冰体面积达 $8.9\times10^5\ m^2$，体积至少为 $7.1\times10^6\ m^3$，这部分入湖冰体在两个月内融化完毕。第一次冰崩导致阿汝错西侧湖岸线向里推进最多达 100 ～ 120 m。第一次冰崩扇边缘附近的湖底地形变得非常不均匀，与邻近地区平滑的湖底形成了鲜明对比。在第一次崩发生后的前两周，浮冰在阿汝错表面的扩散和消融，导致湖表温度显著下降约 2 ～ 4℃。冰体融化也导致 2016 年夏季阿汝错北部的湖面温度明显低于南部。

冰崩扇的融化导致美马错 2016 ～ 2019 年出现加速扩张，夏季湖泊水位上升幅度明显增大。 2016 ～ 2019 年间，冰体融水对美马错湖泊水量增加的贡献达 23.3%。如果美马错以此速度继续扩张，将在 7 ～ 11 年内与阿汝错合并，这可能对湖泊生态系统产生重要影响，有必要在未来几年继续对阿汝错和美马错开展全面的监测。

第 8 章

冰崩科学预警体系构架计划

阿汝冰崩不仅造成了重大的人员和财产损失，还引起了当地及周边地区居民的担心。冰崩会不会再次发生，这不仅是一个科学问题，也是关乎当地群众生命财产安全的社会问题。其他冰川有没有崩塌的可能？如果有，冰崩将会在何时、何地发生？如何应对潜在的冰崩危险？能否对冰崩进行预警？如果能够预警，又将如何去实现预警？阿汝冰崩考察研究的目的除了揭示冰崩发生的原因和机制外，还要对冰崩进行预测和预警，这就迫切需要建立冰崩科学预警体系。

8.1 预警体系建设的整体思路

理解冰川冰崩发生的机理，评估不同模态冰川变化造成的环境影响与灾害，及时准确地预测冰川灾害发生的时间、地点与规模，为西藏地方政府的安居工程与居民的安全生产提供重要的科技支撑，是国内外科学家们面临的重大挑战。

目前暂时无法对类似的冰崩事件进行预测。对阿汝 50 号冰川冰崩的灾前观测和模拟表明，现有的高分辨率地面和卫星遥感监测，结合模拟手段，可以对冰崩灾害进行早期预警，即使灾害发生在非常偏远的地区。但是，冰崩灾害预警机制仍然不存在不确定性。首先，如何在更大范围内获得冰崩科学预警的依据。阿汝 53 号冰川发生冰崩后，科学家正在关注该区域冰川变化，正是因为 50 号冰川也在该区域内，所以才能够引起科学家的注意，从而对第二次冰崩进行预测和预警。但并不是每一条冰川的变化都能被及时、准确地观测到。其次，如何缩短预警信息传递时间，建立畅通的通道，让科学家提供的预警信息迅速传达到决策者和当地居民。最后，如何发布权威的预警信息。科学家做出科学层面的灾害预警后，通过何种渠道传递给当地政府，当地政府又如何做出综合判断，如何发布权威的预警信息，如何果断采取应对措施，减少灾害损失，都需要考虑。冰崩预警体系包括重点区域监测、预测预警、区域性风险评估与对策三个方面。因此，我们的整体思路如下：

首先，在对已经发生的阿汝冰崩详细考察和研究的基础上，以此为样本，建立潜在冰崩危险的预警指标（如冰川厚度变化、冰裂隙发育及变化、冰川地形地貌特征），利用高分辨率遥感数据及前期建立的识别指标，结合冰川编目、地形数据、气候数据，对冰川的稳定性与安全性进行评估，对研究区内的冰川进行普查，划分青藏高原潜在冰崩灾害区的范围和潜在危险等级，制成冰崩危险等级示意图，从中筛选甄别出灾害发生可能性较大的冰川，以此确定潜在危险区，然后对这些潜在危险的冰川进行多手段重点监测，监测指标包括冰温、冰川物质平衡、冰川运动速度、冰震等。

然后，以强化监测为基础，结合模型模拟，揭示冰崩发生机理，预估冰崩发生的时间、方式、规模和影响范围，经过会商确认冰崩的危险后，这些冰崩信息及时提交给地方政府，协助进行预警发布。

最后，划分青藏高原潜在冰崩灾害区的范围和潜在危险等级，制成冰崩危险等级示意图，进行冰崩灾害的区域风险评估，着重评估冰川灾害发生之后对下游居民生命财产安全和对生态环境（如湖泊动态变化、畜牧业等）的影响，划定冰崩灾害的潜在危险区与生产安全区，提出合适的迁移安置点，为政府部门的应对措施和灾后重建提供科技支撑。

8.2 潜在冰崩危险的预警指标

要建立冰崩预警体系，首先要证明冰崩是可以预测和预警的。根据对阿汝两次冰崩的分析研究，找出冰崩出现的征兆，提出了可用于判别冰崩发生的两个预警指标。

8.2.1 冰川厚度变化

典型的冰川依据零平衡线高度（equilibrium line altitude，ELA）的位置，可以将其划分为积累区和消融区：积累区位于冰川上部，随着物质（冰体）的积累，冰川厚度增加；消融区位于冰川的下部，随着物质的消融，冰川厚度减薄（图 8.1）。在重力作用下，冰川的流动使得积累区的物质不断地向消融区迁移，并达到一个相对稳定的状态。

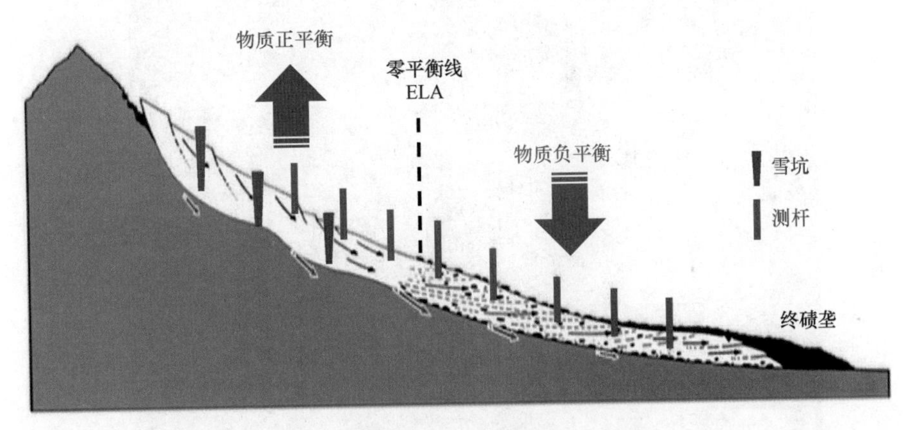

图 8.1　典型冰川物质平衡变化示意图

根据对阿汝 53 号和 50 号冰川遥感资料的回溯分析发现，发生冰崩的冰川具有反向异常的冰川厚度变化。使用 1961 ～ 1980 年的 Corona 卫星影像、1972 年以来的 Landsat 卫星影像和 2011 年以来的高分辨率光学和雷达卫星影像，发现阿汝地区的冰川从 20 世纪 70 年代以来都在整体退缩；1970 ～ 2015 年或 2016 年，阿汝 53 号、50 号冰川分别退缩了 520 m 和 460±15 m。与冰川退缩相反的是，自 21 世纪早期以来，这两条冰川都存在轻微增厚的情况，增厚速率在 0.2±0.16 m/ 年至 0.28±0.15 m/ 年水当量之间（根据 ASTER 和 ICESat 求得）。对 SRTM-X(2000)、TanDEM-X(2011- 2016) 和 ASTER 生成的 DEM 以及 ICESat 激光测高数据进行分析，发现广义的阿汝地区冰川是喀喇昆仑山 – 昆仑山和帕米尔高原异常的一部分。

根据 Terra SAR 卫星数据，发现 2011 年 6 月 2 日～ 2013 年 4 月 14 日，发生冰崩

的阿汝 53 号和 50 号冰川的上部积累区均出现了一个厚度明显减薄的区域（图 8.2 中的红色部位），减薄厚度为 3 ～ 5 m；而下部消融区出现了明显的增厚（图 8.2 中的蓝色部位）。这种冰川厚度变化的反向异常使得高海拔地区减薄而低海拔地区增厚，再加上冰川末端退缩，导致物质和能量在冰川中下部聚集，其成为触发冰川冰崩发生的有利条件。然而，这种情况在非跃动型冰川中时有发现，发生的前提是温度和降雪同时增加，并造成消融量和积累量的增加。具体而言，阿汝地区非跃动型冰川在海拔 5650 m 以上的增厚速率达 0.4±0.15 m/ 年，而在此海拔以下的减薄速率达 1.2±0.05 m/ 年。2011 ～ 2014 年，阿汝 53 号冰川和 50 号冰川约 5800 m 以上都在减薄；与此同时，海拔 5800 ～ 5400 m 的冰川在增厚，增厚的冰面导致冰川前端的对地夹角减小了 5° ～ 6°，从而增加了冰川的驱动应力。

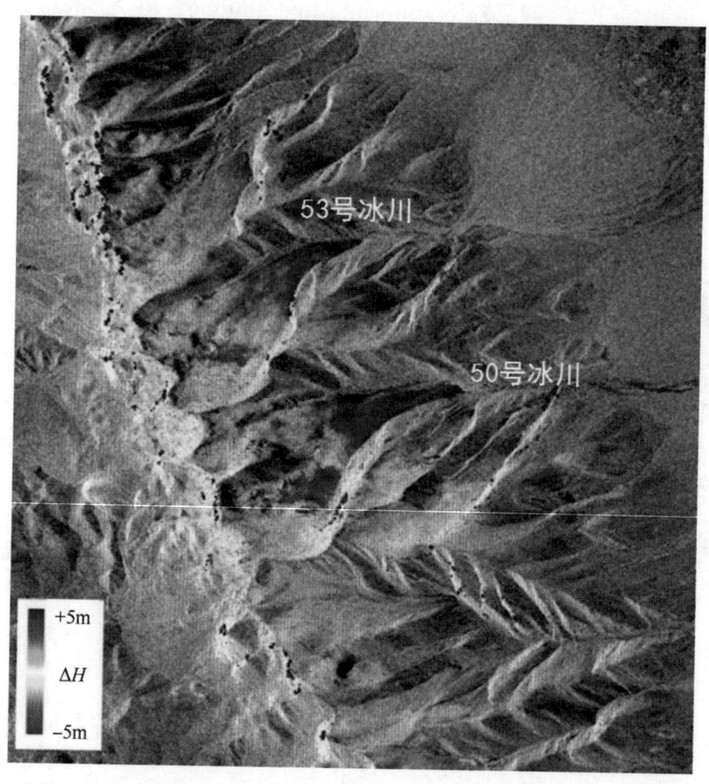

图 8.2　阿汝 53 号（上部）和 50 号（下部）冰川厚度的异常变化 (Kääb et al., 2018)
时间对比：2011 年 6 月 2 日与 2013 年 4 月 14 日，基于 Terra SAR 数据

2011 ～ 2014 年冰川高程变化速率表明，冰川物质向下运移的活动早在 2003±3 年就已经开始了。然而，冰川物质的内部运移并未在 2015 年中期以前造成阿汝 50 号冰川的跃动或冰崩，阿汝 53 号冰川末端仅仅前进了 200±15 m，而阿汝 50 号冰川甚至没有发现任何前进的迹象。上述现象表明，两条冰川在崩塌前存在阻止冰川末端崩塌的强大阻力，反映出底部与基岩冻结。影像偏移量跟踪技术揭示了阿汝 53 号冰川中

间增厚的同时，冰川运动速度也在增加（从 2013 年底的 0.18±0.03 m/ 天增加到 2016 年春季的 0.50±0.04 m/ 天）。这样的冰川运动速度比模拟得出的冰川稳定状态下的 0.05 m/ 天的流速要高 3 ～ 10 倍。研究还发现，阿汝 50 号冰川内侧突起的中心区域平均流速在 2013 年 7 月和 2016 年 4 月之间没有变化，保持在 0.12±0.03 m/ 天。

遥感资料还显示，2000 ～ 2016 年，阿汝北部（美马错西南侧冰川群）中的 16 条冰川中，至少有 5 条出现了跃动，从而导致了物质的再分配。根据 TanDEM-X DEM 数据和光学卫星立体 DEM 数据，测量了冰川表面高程在冰崩前（2011 ～ 2015 年）的空间格局。

尽管从 Corona 卫星（自 1961 年）和 Landsat 卫星（自 1972 年）的历史影像中没有发现在阿汝地区及其更广阔的区域内（半径 300 km 以内）曾经出现过类似的冰崩事件，但对于这两条阿汝冰川和它们周边的一些冰川在 Corona 的早期影像和 2015 ～ 2016 年的卫星资料中发现了类似强烈的冰裂隙和冰舌突出（冰川前进）的情况，这预示了类似跃动型冰川的不稳定性或是快速前进的特征。

此外，通过分析两次冰崩的地形特征可以发现，53 号冰川和 50 号冰川从冰川主体区到冰舌处，呈现出一条折线。这种地形也可能是冰川发生冰崩的一种特征，因为折线地形使得冰川在折线拐角处冰雪积累，存储了大量的能量，直至达到冰崩的临界值。因此，将冰川厚度变化的反向异常作为冰崩区域性风险评估的指标之一。

8.2.2　冰川冰裂隙发育及变化

冰裂隙是冰川运动过程中出现流速差异时，冰体受应力作用发生破裂形成的裂隙。根据其与冰川流向的关系，可分为垂直于冰川流向的横裂隙、平行于冰川流向的纵裂隙、与冰川流向斜交的斜裂隙和环粒雪盆分布的边缘裂隙等。通过对发生冰崩的阿汝 53 号和 50 号冰川遥感资料的回溯分析发现，冰崩冰川的断裂区域上部发育有大量的横裂隙，在海拔 5800 m 处的冰川和两侧边缘区尤为明显。至少从 2014 年开始，冰裂隙的数量和规模都在不断增大。

根据 2014 年 1 月 4 日的卫星影像，阿汝 53 号冰川裂隙密集区面积为 1.2 km^2（图 8.3），发育有横裂隙 99 条，总长度 6181 m，最大长度 225 m，裂隙最大宽度 2 ～ 22 m；到 2015 年 11 月 3 日，横裂隙增多到 228 条，总长度增加到 12550m，最大长度 259 m，裂隙最大宽度 2 ～ 21 m；到冰崩前的 2016 年 2 月 1 日，横裂隙继续增多到 290 条，总长度增加到 16689 m，最大长度 269 m，裂隙最大宽度 2 ～ 29 m；冰崩发生后，由于能量的突然释放，此位置冰体变得松散，裂隙数目更多；到 2016 年 12 月 21 日，横裂隙增多为 313 条，总长度增加为 19629 m，裂隙最大长度 434 m，最大宽度 2 ～ 40 m。

根据 2014 年 1 月 4 日的卫星影像，阿汝 50 号冰川裂隙密集区面积为 0.6 km^2（图 8.4），发育有横裂隙 67 条，总长度 3883 m，最大长度 203 m，裂隙最大宽度 2 ～ 20 m；到 2015 年 11 月 3 日，横裂隙增多到 79 条，总长度增加到 5043 m，最大长度 260 m，裂隙最大宽度 2 ～ 20 m；到冰崩前的 2016 年 2 月 1 日，横裂隙继续增多到 85

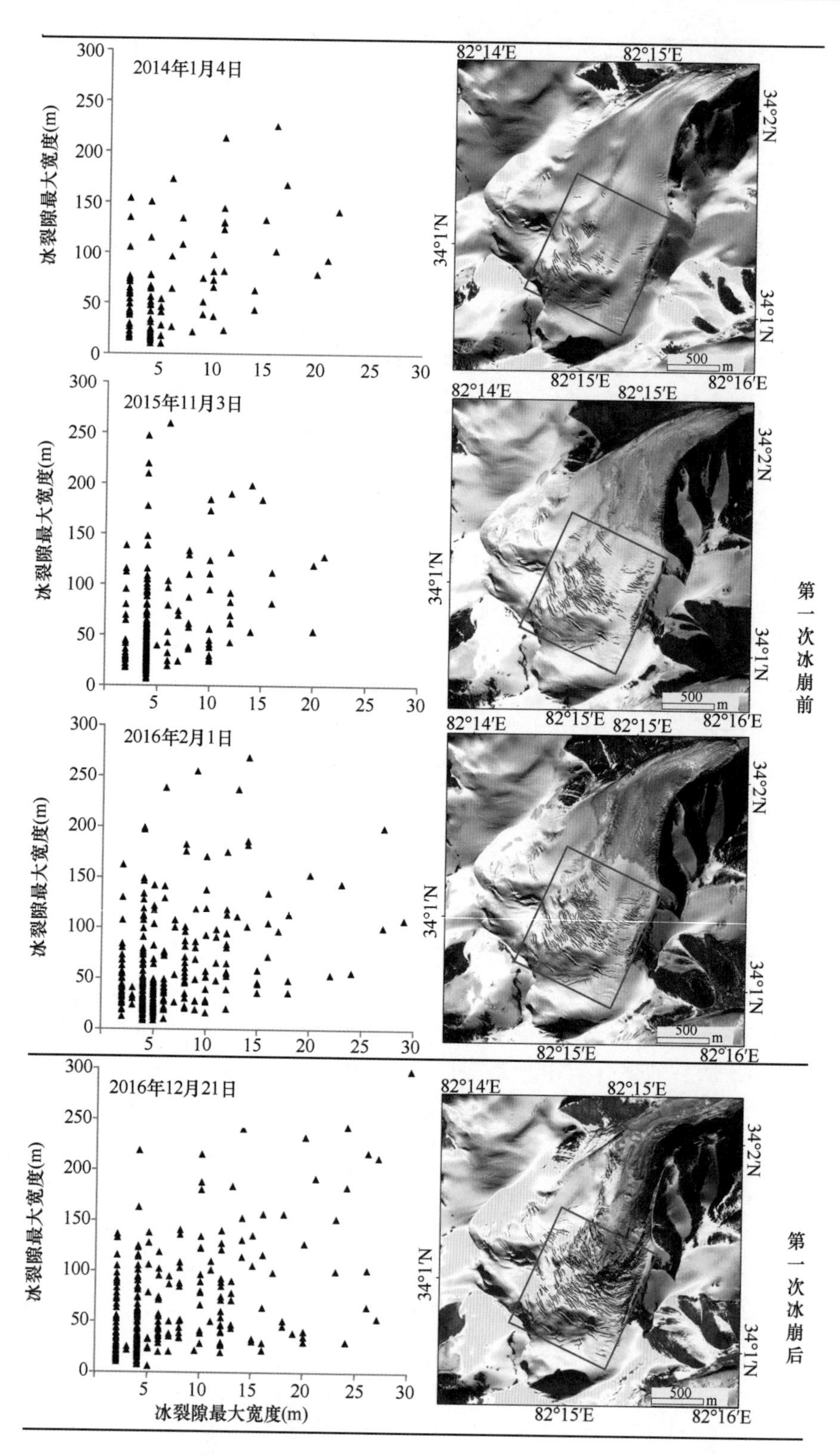

图 8.3 阿汝 53 号冰川冰裂隙的发育及变化（最后一张为冰崩后的裂隙状况）

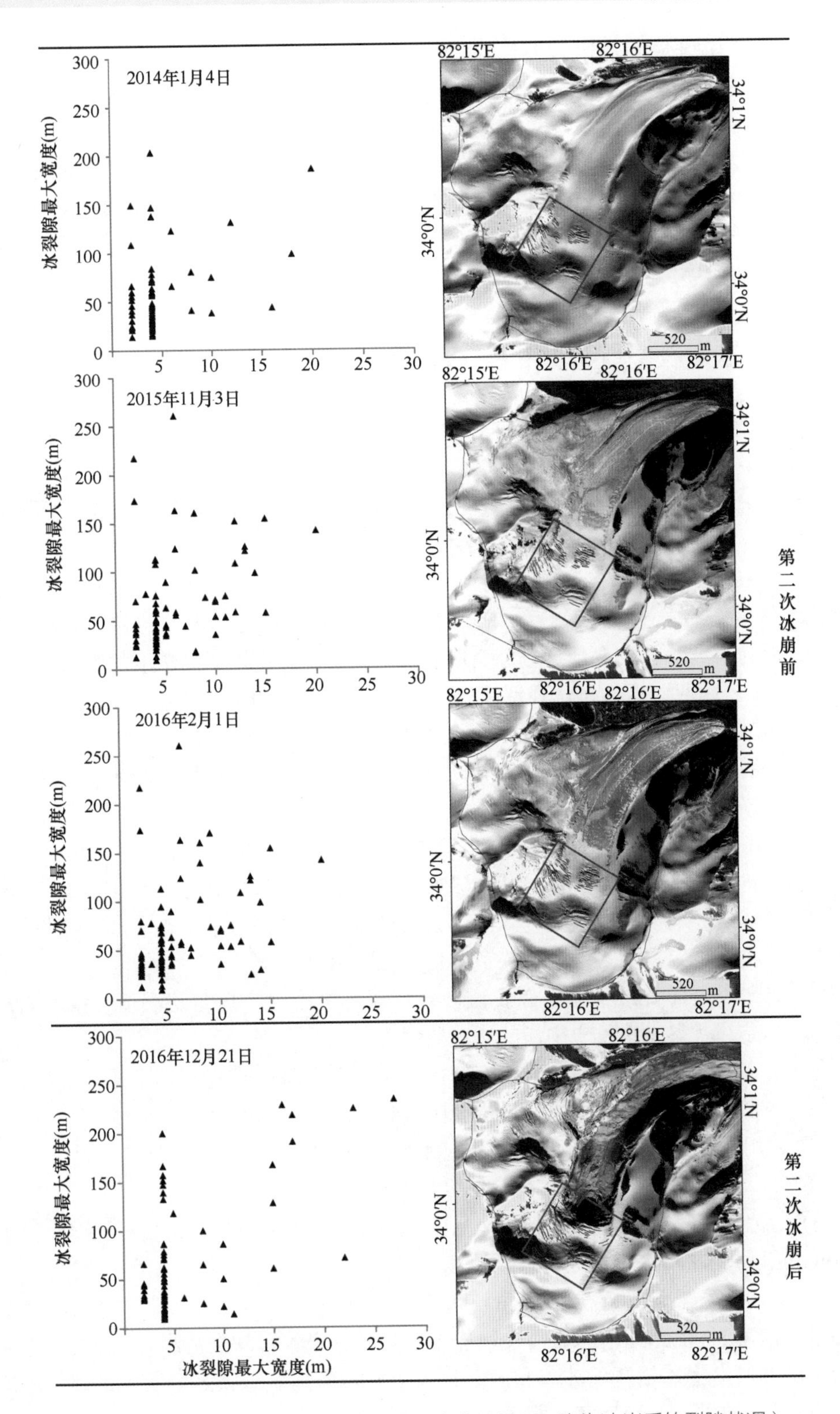

图 8.4　阿汝 50 号冰川冰裂隙的发育及变化（最后一张为冰崩后的裂隙状况）

条，总长度增加到 5549 m，最大长度 260 m，裂隙最大宽度 2 ～ 20 m；冰崩发生后，由于能量的突然释放，此位置部分冰体崩塌；到 2016 年 12 月 21 日，横裂隙为 79 条，总长度增加为 5159 m，最大长度 235m，裂隙最大宽度 2 ～ 27 m。

通过对这些多时相高分辨率遥感数据对比分析发现，两条冰崩冰川在过去的三年中（2014 ～ 2016 年），横裂隙的数量和规模都在不断增多和增大，预示着类似跃动型冰川的不稳定性或快速前进的特征，其成为冰崩发生的征兆，这也从侧面反映了冰川内部能量叠加和集聚的过程。因此，将冰川冰裂隙发育及变化作为冰崩预警的指标之一。

8.2.3 冰崩潜在危险冰川的重点观测

将冰川厚度异常变化和冰川后部冰裂隙的发育程度作为预警指标，通过普查确定具有冰崩潜在危险的冰川后，采用多种手段对这些冰川开展强化调查（图 8.5），获取冰川变化的重要参数，用以揭示冰崩发生的机制，服务于冰崩预警。根据基本的力学原理，冰崩的发生将经历冰体（特定部位）微破裂的发生、扩展到最终在重力作用下的失稳。在这一过程中，冰川物质达到最终崩塌前在一定时间和空间尺度上必然会有反应。冰体破裂的发生可以体现为冰震，这一现象可以通过其激发的弹性波被地震仪记录；破裂的扩展是一个变形过程，变形的表征是运动，可以被高精度的测量仪器（如 GPS）所记录。因此，这里再次强调需要加强冰川运动学和冰震学的观测。

具体来说，冰川强化观测所采用的技术和手段包括以下方面。

(1) 在潜在的冰崩区域内或冰川附近架设自动气象观测系统 (AWS)，对温度、降水等气象要素进行监测。

(2) 利用多源卫星数据 (TanDEM、ASTER、InSAR、SRTM DEM、Terra SAR、高分等遥感资料），进行大范围的冰川动态变化（如冰量、表面变化、冰川进退）监测。

(3) 采用新技术手段，包括直升机 – 无人机航测（地形测绘 + 地表红外测量），以及自动照相机等，定期拍摄潜在冰崩危险性冰川的视频和照片。

(4) 在冰川表面开展物质平衡实测，包括测杆消融量、冰雷达测厚、挖取雪坑并采集雪坑样品，获得冰川收支平衡的实测数据。

(5) 在冰川表面架设自动气象站，进行能量平衡观测，研究冰 – 气界面过程。

(6) 在冰川表面钻孔，放置电阻温度计，监测冰川冰温的变化。

(7) 采用 VZ-6000 激光测距仪，开展冰川的三维地形测量，精细刻画冰川表面形态的变化。

(8) 对冰川运动速度进行监测，包括差分 GPS (dGPS) 监测表面高程的变化，连续 GPS (cGPS) 监测冰川水平方向的运动速度。

(9) 开展冰震监测，在冰川表面和旁边的非冰川区，架设短周期地震仪，监测具有潜在冰崩危险性的冰川的冰震，实现连续、高频、密集台阵的监测。

(10) 开展潜在冰崩区的冰芯和湖芯记录研究，为揭示过去是否发生过类似的冰崩事件，以及冰崩发生的长期气候背景。

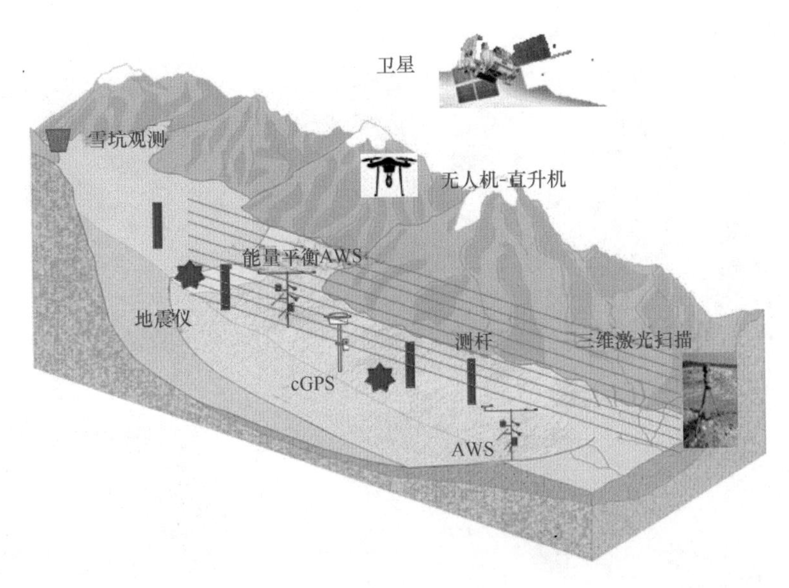

图 8.5　重点冰川的立体监测技术手段（具有潜在风险的冰川不进行冰面观测工作）

基于冰崩潜在危险区的重点调查，希望建立并量化新的预警指标，如冰温、冰川运动速度、冰川内部冰震发生强度和频率等，这将是下一步工作的重点。

8.2.4　阿汝地区再次冰崩的可能性分析

阿汝地区是否还会发生冰崩，这不仅是科学家所关注的科学问题，也是当地村民关注的现实问题。我们对此进行了一些研究。

科考队在野外考察时发现了美马错南侧的冰川群中，有一些冰川的形态与阿汝冰崩冰川相似，具有发生冰崩的可能（图 5.4 中）。因此，选择具有与阿汝 53 号和 50 号冰川相似的地形、坡度条件，且在 5800 m 左右发育有裂隙的阿汝 85 号（中国冰川编目：5Z412E002）和阿汝 79 号（中国冰川编目：5Z412D0001）两条冰川进行遥感影像的回溯分析，发现阿汝 85 号冰川在 2014 ～ 2016 年，发育裂隙 15 ～ 18 条，平均长度在 160 m 左右，平均最大宽度在 12 m 左右（图 8.6）。而阿汝 79 冰川在 2014 ～ 2016 年，发育裂隙 26 ～ 28 条，平均长度在 125 m 左右，平均最大宽度在 11 m 左右（图 8.7）。

这两条冰川的冰裂隙基本保持不变，分布特征稳定，说明在 2014 ～ 2016 年，这两条冰川基本保持稳定。如果仅就冰裂隙这一项预警指标来看，这两条冰川发生冰崩的可能性应当不大。但是，影像数据只到 2016 年 11 月，之后由于各种原因目前还未能找到合适的影像，还不清楚 2016 年之后这两条冰川的变化情况，因此更为可信的结论还有待进一步的研究。而且，只要具有这种特殊的、有利于冰崩发生的形态，冰川崩塌的可能性即使很小，也比其他冰川具有更高的冰崩发生概率。因此，仍需要对这类型冰川加强监测和研究。

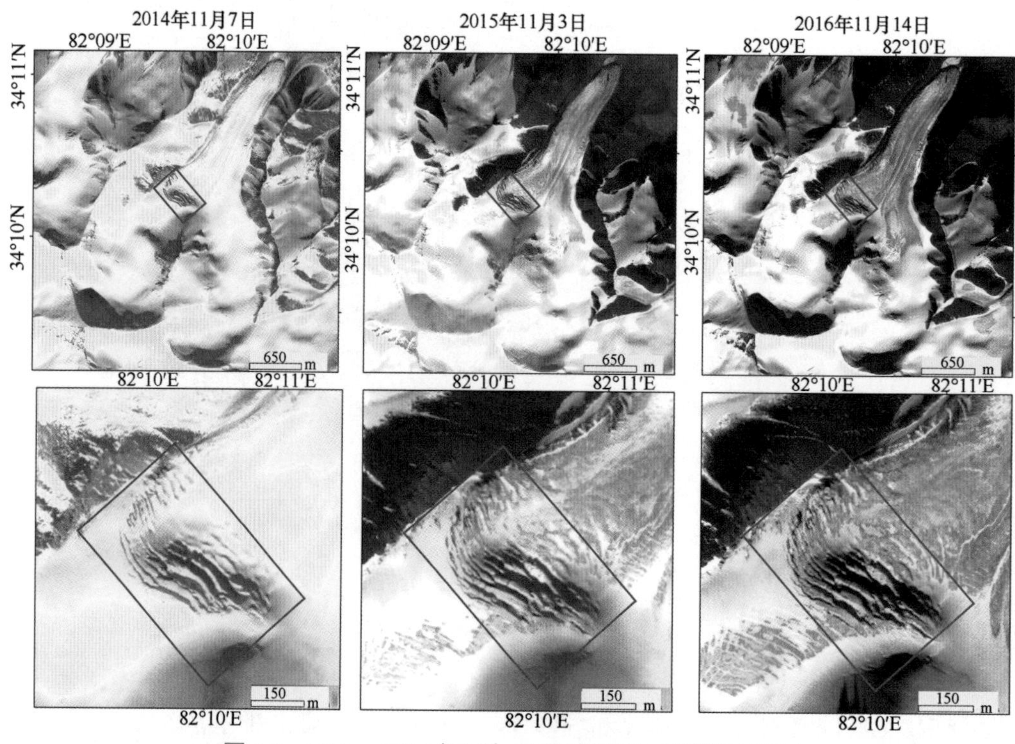

图 8.6　2014 ～ 2016 年阿汝 85 号冰川的冰裂隙发育情况

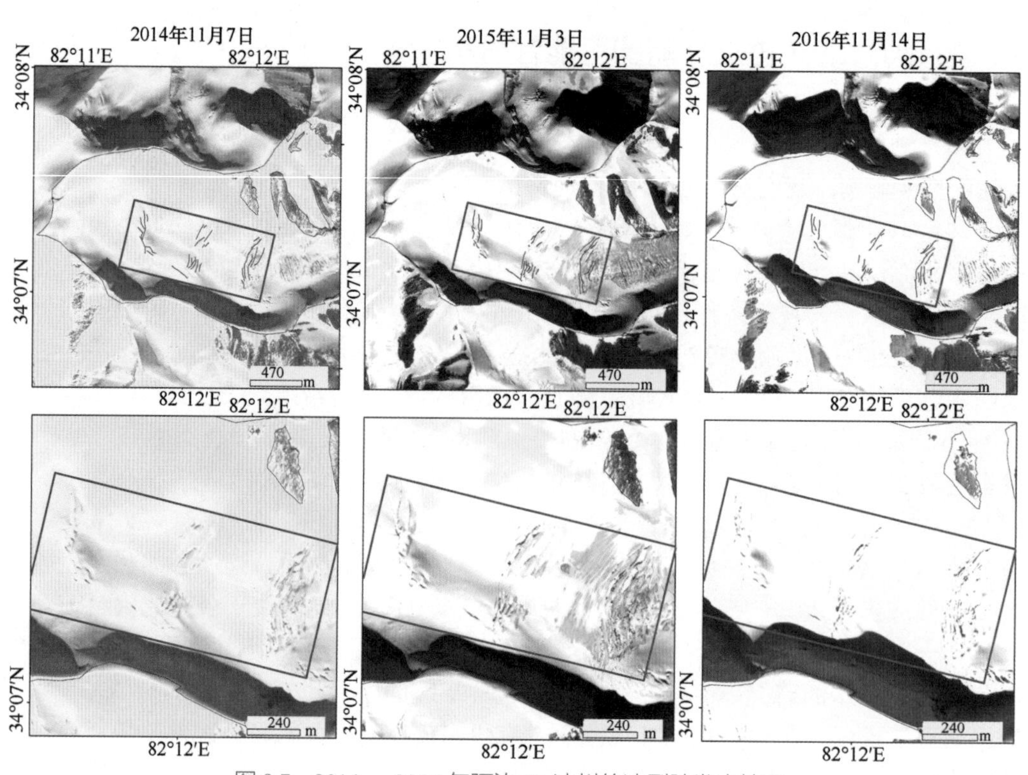

图 8.7　2014 ～ 2016 年阿汝 79 冰川的冰裂隙发育情况

8.3 建立冰崩科学预警体系的计划

根据上述的研究思路提出冰崩科学预警体系的初步框架，包括信息采集系统、预警监测系统、预警分析与决策系统以及信息发布与对策系统（图 8.8）。

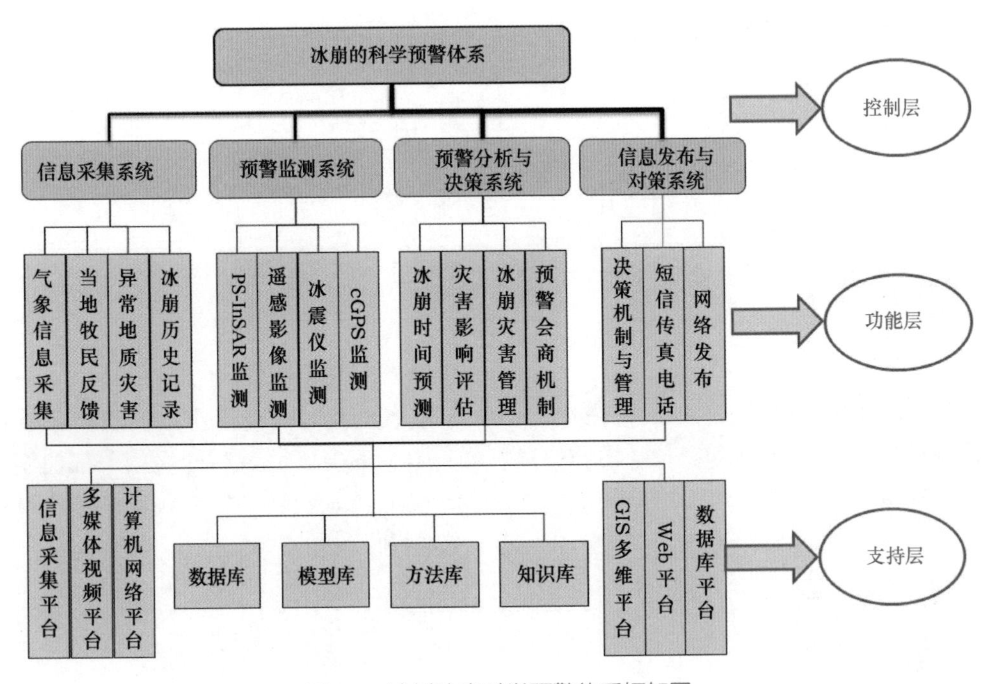

图 8.8　冰川冰崩科学预警体系框架图

8.3.1 信息采集系统

采集各类与冰崩相关的多源高分辨率遥感数据和实地观测数据，并将这些数据集中存储在指定的系统数据库中。此外，该信息库采集的数据还包括当地的气象信息、当地牧民反馈的冰川异常信息、当地及周边地区异常的地质灾害（如地震）信息、过去的冰崩事件信息等。经过对灾区的实地考察，阿汝冰崩巨灾发生的前几天，牧民们听到了十多千米之外的 53 号冰川发出的如地震般“冰震”的声音。“冰震”的科学原理还有待科学家进一步研究，但这些冰崩前兆的信息应当实时采集并予以重视。该信息采集系统可由相关的科学研究机构来完成。

8.3.2 预警监测系统

利用遥感卫星、测地雷达、冰震仪等对冰崩潜在危险的冰川进行实时监控，建立“星－天－地”立体监测平台；分析信息采集系统中冰川的物质平衡、运动速度、冰川厚度形变、冰面温度等参数，提取冰崩发生的关键参数体系，估算冰崩事件在各项参数上的潜在“临界点”，设定参数阈值；当检测到某个或多个特定监控参数指标超过指定阈值时，监测系统自动启动警报。同时，利用手机、互联网等现代通信技术，建立信息搜集平台，搜集村民发现的冰川变化前兆与灾害信息，建立村、乡、县、地、自治区不同层级的实时监测系统。

8.3.3 预警分析与决策系统

对报警的冰川进行模拟分析，结合实时监测信息数据，通过灾害风险评估等方法，对冰崩可能爆发时间、灾害可能后果及影响范围等进行全面分析；召开包括科学家、各级政府官员和相关职能部门的管理专家等的联合会议，会商监测和模拟结果，确认冰崩发生的可能性，确定是否发布灾害预警。

8.3.4 信息发布与对策系统

联合会议一旦确定发布预警信息，便将预警信息及时提交给对接的政府主管部门，由政府主管部门负责发布；实施信息发布应与区、县、乡、村四级相关部门实现实时信息共享与互动反馈；建立应急反应机制，拟定冰崩灾害的应对预案，提出减灾措施；同时，提出灾后重建工作方案，为地方发展提供科技支撑。

参考文献

陈德亮, 徐柏青, 姚檀栋, 等. 2015. 青藏高原环境变化科学评估: 过去、现在与未来. 科学通报, 60: 3025-3035.

纪鹏, 郭华东, 张露. 2013. 近20 年西昆仑地区冰川动态变化遥感研究. 国土资源遥感, 25(1): 93-98.

李成秀, 杨太保, 田洪阵. 2015. 近40年来西昆仑山冰川及冰湖变化与气候因素. 山地学报, 33(2): 157-165.

秦大河. 2014. 冰冻圈科学辞典. 北京: 气象出版社.

田立德，姚檀栋，邬光剑，等. 2006. 慕士塔格海拔 7010m 冰芯中记录到的切尔诺贝利核泄漏事件. 科学通报, (20): 2453-2456.

王强, 贺光琴. 2018. 基于遥感和GIS 的阿里地区湖泊时空动态监测. 测绘, 41 (2): 62-64.

魏凤英. 2007. 现代气候统计诊断与预测技术. 北京 : 气象出版社.

杨丹丹，姚檀栋，邬光剑，等. 2021. 青藏高原西部阿汝冰芯记录的近 100 a 气温变化研究. 冰川冻土, 43(1): 124-134.

姚檀栋，焦克勤，李忠勤，等. 1994. 古里雅冰帽气候环境记录. 中国科学, 24(7): 766-773.

姚檀栋, 刘时银, 蒲健辰, 等. 2004. 高亚洲冰川的近期退缩及其对西北水资源的影响. 中国科学(D辑), 34(6): 535-543.

姚檀栋. 2000. 古里雅冰芯氧同位素地层学. 第四纪研究, 20(2): 165-170.

中国科学院青藏高原综合科学考察队. 1982. 西藏自然地理. 北京: 科学出版社.

中国科学院青藏高原综合科学考察队. 1984. 西藏湖泊. 北京: 科学出版社.

Allen S, Owens I, Sirguey P. 2008. Satellite remote sensing procedures for glacial terrain analyses and hazard assessment in the Aoraki Mount Cook region, New Zealand. New Zealand Journal of Geology and Geophysics, 51(1): 73-87.

Anderson R S, Anderson S P, MacGregor K R, et al. 2004. Strong feedbacks between hydrology and sliding of a small alpine glacier. Journal of Geophysical Research, 109: F03005.

Anderson T B, Jackson R. 1967. Fluid mechanical description of fluidized beds. equations of motion. Industrial & Engineering Chemistry Fundamentals, 6(4): 527-539.

Andrews L C, Catania G A, Hoffman M J, et al. 2014. Direct observations of evolving subglacial drainage beneath the Greenland Ice Sheet. Nature, 514(7520): 80-83.

Aster R C, Winberry J P. 2017. Glacial seismology. Reports on Progress in Physics, 80(12).

Bagnold R A. 1954. Experiments on a gravity-free dispersion of large solid spheres in a Newtonian Fluid under Shear. Proceedings of the Royal Society A: Mathematical, Physical and Engineering Sciences, 225 (1160): 49-63.

Bartholomaus T, Anderson R, Anderson S. 2007. Response of glacier basal motion to transient water storage. Nature Geoscience, 1: 33-37.

Bartholomew I, Nienow P, Mair D. 2010. Seasonal evolution of subglacial drainage and acceleration in a Greenland outlet glacier. Nature Geoscience, 3: 408-411.

Bartholomew I, Nienow P, Sole A, et al. 2011. Seasonal variations in Greenland Ice Sheet motion: Inland extent and behaviour at higher elevations. Earth and Planetary Science Letters, 307: 271-278.

Bartholomew I, Nienow P, Sole A, et al. 2012. Short-term variability in Greenland ice Sheet motion forced by time-varying meltwater drainage: Implications for the relationship between subglacial drainage system behavior and ice velocity. Journal of Geophysical Research, 117: F03002.

Bingham R G, Hubbard A L, Nienow P W, et al. 2008. An investigation into the mechanisms controlling seasonal speedup events at a High Arctic glacier. Journal of Geophysical Research, 113(F2): F02006.

Bolch T, Kulkarni A, Kääb A, et al. 2012. The state and fate of Himalayan glaciers. Science, 336(6079): 310-314.

Bugnion L, Schaefer M, Bartelt P. 2013. Density variations in dry granular avalanches. Granular Matter, 15 (6): 771-781.

Carmichael J D, Joughin I, Behn M D, et al. 2015. Seismicity on the western Greenland Ice Sheet: Surface fracture in the vicinity of active moulins. Journal of Geophysical Research - Earth Surface, 120: 1082-1106.

Cesca M, D'Agostino V. 2008. Comparison between FLO-2D and RAMMS in debris-flow modelling: a case study in the dolomites. WIT Transactions on Engineering Sciences, 10: 197-206.

Christen M, Bartelt P, Gruber U. 2002. AVAL-1D: an avalanche dynamics program for the practice. In International Congress Interpraevent, 715-725.

Christen M, Bartelt P, Kowalski J. 2010. Back Calculation of the In den Arelen avalanche with RAMMS: interpretation. Annals of Glaciology, 51(54): 161-168.

Cuffey K, Paterson WSB. 2010. The Physics of Glaciers, 4th Edition. Cambridge: Academic Press.

Domnik B, Pudasaini S P. 2012. Full two-dimensional rapid chute flows of simple viscoplastic granular materials with a pressure-dependent dynamic slip-velocity and their numerical simulations. Journal of Non-Newtonian Fluid Mechanics, 173-174 (April): 72-86.

Drew D A, 1982. Mathematical Modeling of Two-Phase Flow. DTIC Document. http: //oai.dtic.mil/oai/oai?verb=getRecord&metadataPrefix=html&identifier=ADA114535.

Dunse T, Schellenberger T, Hagen J O, et al. 2015. Glacier-surge mechanisms promoted by a hydro-thermodynamic feedback to summer melt. The Cryosphere, 9(1): 197-215.

Ekström G, Nettles M, Abers G A. 2003. Glacial earthquakes. Science, 302(5645): 622-624.

Ericksen G E, Plafker G, Concha J F. 1970. Preliminary Report on the Geologic Events Associated with the May 31, 1970, Peru Earthquake. US Geological Survey.

Faillettaz J, Funk M, Sornette D. 2012. Instabilities on alpine temperate glaciers: new insights arising from the numerical modelling of Allalingletscher (Valais, Switzerland). Natural Hazards and Earth System Sciences, 12: 2977-2990.

Fleihman S S M. 1970. Mudflows. Hydrometeoizdat, Leningrad (in Russian).

Gardelle J, Berthier E, Arnaud Y. 2012. Slight mass gain of Karakoram glaciers in the early twenty-first century. Nature Geoscience, 5(5): 322-325.

Gardner A S, Moholdt G, Cogley J G, et al. 2013. A reconciled estimate of glacier contributions to sea level rise: 2003 to 2009. Science, 340 (6134): 852-857.

Gilbert A, Leinss S, Kargel J, et al. 2018. Mechanisms leading to the 2016 giant twin glacier collapses, Aru Range, Tibet. The Cryosphere, 12, 2883–2900, https://doi.org/10.5194/tc-12-2883-2018.

Gindraux S, Boesch R, Farinotti D. 2017. Accuracy assessment of digital surface models from unmanned aerial vehicles' imagery on glaciers. Remote Sensing, 9(3): 186.

Gray J M N T, Wieland M, Hutter K. 1999. Gravity-driven free surface flow of granular avalanches over complex basal topography//Proceedings of the Royal Society of London A: Mathematical. Physical and Engineering Sciences, 455: 1841-1874.

Guo S, Xu P, Zheng Z, et al. 2015. Estimation of flow velocity for a debris flow via the two-phase fluid model. Nonlinear Processes in Geophysics, 22(1): 109-116.

Hewitt K. 2005. The Karakoram anomaly? Glacier expansion and the Elevation Effect, Karakoram Himalaya. Mountain Research & Development, 25(4): 332-340.

Hoffman M J, Price S. 2014. Feedbacks between coupled subglacial hydrology and glacier dynamics. Journal of Geophysical Research-Earth Surface, 119: 414-436.

Hoffman M, Andrews L, Price S, et al. 2016. Greenland subglacial drainage evolution regulated by weakly connected regions of the bed. Nature Communications, 7: 13903.

Hooke R, Calla P, Holmlund P, et al. 1989. A 3 year record of seasonal variations in surface velocity, Storglaciaren, Sweden. Journal of Glaciology, 35(120): 235-247.

Hu K, Tian M, Li Y. 2013. Influence of flow width on mean velocity of debris flows in wide open channel. Journal of Hydraulical Engeneering, 139: 65-69.

Huggel C, Zgraggen-Oswald S, Haeberli W, et al. 2005. The 2002 rock/ice avalanche at Kolka/Karmadon, Russian Caucasus: assessment of extraordinary avalanche formation and mobility, and application of QuickBird satellite imagery. Natural Hazards and Earth System Science, 5(2): 173-187.

Huggel C. 2008. Recent extreme avalanche: triggered by climate change? Eos Transactions American Geophysical Union, 47(18): 469-470.

Hui L, Gang L, Lan C, et al. 2017. A decreasing glacier mass balance gradient from the edge of the Upper Tarim Basin to the Karakoram during 2000-2014. Scientific Reports, 7(1): 6712.

Huintjes E, Sauter T, Schröter B, et al. 2015. Evaluation of a coupled snow and energy balance model for Zhadang glacier, Tibetan Plateau, using glaciological measurements and time-lapse photography. Arctic, Antarctic, and Alpine Research, 47(3): 573-590.

Hutter K, Schneider L. 2010a. Important aspects in the formulation of solid-fluid debris-flow models. Part I. Thermodynamic Implications. Continuum Mechanics and Thermodynamics, 22(5): 363-390.

Hutter K, Schneider L. 2010b. Important aspects in the formulation of solid-fluid debris-flow models. Part II. Constitutive Modelling. Continuum Mechanics and Thermodynamics, 22(5): 391-411.

Hutter K, Wang Y, Pudasaini S P. 2005. The savage-hutter avalanche model: how far can it be pushed? philosophical transactions of the royal society of London A: mathematical. Physical and Engineering Sciences, 363 (1832): 1507-1528.

Immerzeel W W, Kraaijenbrink P D A, Shea J M, et al. 2014. High-resolution monitoring of Himalayan glacier dynamics using unmanned aerial vehicles. Remote Sensing of Environment, 150: 93-103.

Ishii M, Zuber N. 1979. Drag coefficient and relative velocity in bubbly, droplet or particulate flows. Aiche Journal, 25: 843-855.

Iverson R M. 1997. The physics of debris flows. Review of Geophysics, 35: 245-296.

Iverson R M, Delinger R P. 2001. Flow of variably fluidized granular masses across three-dimensional terrain, 1. Coulumb mixture theory. Journal of Geophysical Research, 106: 537-552.

Johnson J V, Fastook J L. 2002. Northern Hemisphere glaciation and its sensitivity to basal melt water. Quaternary International, 95/96: 65-74.

Jouvet G, Picasso M, Rappaz J, et al. 2011. Modelling and numerical simulation of the dynamics of glaciers including local damage effects. Mathematical Modelling of Natural Phenomena, 6(5): 263-280.

Julien P Y, Paris M A. 2010. Mean velocity of mudflows and debris flows. Journal of Hydraulical Engeneering, 136: 676-679.

Kääb A, Leinss S, Gilbert A, et al. 2018. Massive collapse of two glaciers in western Tibet in 2016 after surge-like instability. Nature Geoscience, 11: 114-120.

Kääb A, Treichler D, Nuth C, et al. 2015. Brief Communication: Contending estimates of 2003-2008 glacier mass balance over the Pamir-Karakoram-Himalaya. The Cryosphere, 9(2): 557-564.

Kääb A, Wessels R, Haeberli W, et al. 2003. Rapid ASTER imaging facilitates timely assessment of glacier hazards and disasters. Eos Transactions American Geophysical Union, 13(84): 117-121.

Kääb A. 2008. Remote sensing of permafrost-related problems and hazards. Permafrost and Periglacial Processes, 19(2): 107-136.

Kapnick S B, Delworth T L, Ashfaq M, et al. 2014. Snowfall less sensitive to warming in Karakoram than in Himalayas due to a unique seasonal cycle. Nature Geoscience, 7(11): 834-840.

Kavanaugh J L, Cuffey K M, Morse D L, et al. 2009a. Dynamics and mass balance of Taylor Glacier, Antarctica: 1. Geometry and surface velocities. Journal of Geophysical Research, 114: F04010.

Kavanaugh J L, Cuffey K M, Morse D L, et al. 2009b. Dynamics and mass balance of Taylor Glacier, Antarctica: 3. State of mass balance. Journal of Geophysical Research, 114: F04012.

Kavanaugh J L, Cuffey K M. 2009. Dynamics and mass balance of Taylor Glacier, Antarctica: 2. Force balance and longitudinal coupling. Journal of Geophysical Research, 114: F04011.

Ke L H, Song C. 2014. Remotely sensed surface temperature variation of an inland saline lake over the central Qinghai–Tibet Plateau. ISPRS Journal of Photogrammetry and Remote Sensing,157-167.

Ke L, Ding X, Song C. 2015. Heterogeneous changes of glaciers over the western Kunlun Mountains based on ICESat and Landsat-8 derived glacier inventory. Remote Sensing of Environment, 168: 13-23.

Klimeš J, Vilímek V, Omelka M. 2009. Implications of geomorphological research for recent and prehistoric avalanches and related hazards at Huascaran, Peru. Natural Hazards, 50(1): 193-209.

Kotlyakov V M, Rototaeva O V, Nosenko G A. 2004. The September 2002 Kolka glacier catastrophe in North Ossetia, Russian Federation: evidence and analysis. Mountain Research and Development, 24(1): 78-83.

Kowalski J. 2008. Two-Phase Modeling of Debris Flow. Zürich: ETH Zürich PhD thesis.

Lacroix P, Amitrano D. 2013. Long-term dynamics of rockslides and damage propagation inferred from mechanical modeling. Journal of Geophysical Research-Earth Surface, 118: 2292-2307.

Larose E, Carrière S, Voisin C, et al. 2015. Environmental seismology: what can we learn on earth surface processes with ambient noise? Journal of Applied Geophysics, 116: 62-74.

Lei Y, Yang K, Wang B, et al. 2014. Response of inland lake dynamics over the Tibetan Plateau to climate change. Climatic Change, 125: 281-290.

Lei Y, Yao T D, Yang K, et al. 2017. Lake seasonality across the Tibetan Plateau and their varying relationship with regional mass changes and local hydrology. Geophysical Research Letters, 44: 892-900.

Lei Y B, Yao T D, Tian L D, et al. 2021. Response of downstream lakes to Aru glacier collapses on the western Tibetan Plateau. The Cryosphere, 15: 199-214.

Lei Y, Zhu Y, Wang B, et al. 2019.Extreme lake level changes on the Tibetan Plateau associated with the 2015/2016 El Niño. Geophysical Research Letters, 46: https://doi.org/10.1029/2019GL081946.

Li Z, Fang H, Tian L, et al. 2015. Changes in the glacier extent and surface elevation in Xiongcaigangri region, Southern Karakoram Mountains, China. Quaternary International, 371: 67-75.

Marshall S J, Bjornsson H, Flowers G E, et al. 2005. Simulation of Vatnajökull ice cap dynamics. Journal of Geophysical Research, 110: F03009.

Maussion F, Scherer D, Mölg T, et al. 2014. Precipitation seasonality and variability over the Tibetan Plateau as resolved by the high Asia reanalysis. Journal of Climate, 27(5): 1910-1927.

Mayaud J R, Banwell A F, Arnold N S, et al. 2014. Modeling the response of subglacial drainage at Paakitsoq, west Greenland, to 21th century climate change. Journal of Geophysical Research-Earth Surface, 119: 2619-2634.

Meier M F, Post A. 1969. What are glacier surges? Canadian Journal of Earch Sciences, 6: 807-817.

Mölg T, Maussion F, Scherer D. 2013. Mid-latirtude westerlies as a driver of glacier variability in monsoonal High Asia. Nature Climate Change, 4(1): 68-73.

Neckel N, Kropáček J, Bolch T, et al. 2014. Glacier mass changes on the Tibetan Plateau 2003-2009 derived from ICESat laser altimetry measurements. Environmental Research Letters, 9(1): 014009.

Neckel N, Loibl D, Rankl M. 2017. Recent slowdown and thinning of debris-covered glaciers in south-eastern Tibet. Earth and Planetary Science Letters, 464: 95-102.

Nye J F. 1963. Correction Factor for Accumulation Measured by the Thickness of the Annual Layers in an Ice Sheet. Journal of Glaciology, 4(36): 785-788.

Pelanti M, Bouchut F, Mangeney A. 2008. A roe-type scheme for two-phase shallow granular flows over variable topography. ESAIM: Mathematical Modelling and Numerical Analysis, 42 (5): 851-885.

Peng Z, Walter J I, Aster R C, et al. 2014. Antarctic icequakes triggered by the 2010 Maule earthquake in Chile. Nature Geoscience, 7: 677-681.

Pitman E B, Le L. 2005. A two-fluid model for avalanche and debris flows. Philosophical Transactions of the Royal Society A: Mathematical, Physical and Engineering Sciences, 363 (1832): 1573-1601.

Plafker G, Ericksen G E, 1978. Nevados huascarán avalanches, Peru. Developments in Geotechnical Engineering, 14, Part A: 277-314.

Podolskiy E A, Walter F. 2016. Cryoseismology. Review of Geophysics, 54: 708-758.

Pu J, Yao T, Yang M, et al. 2008. Rapid decrease of mass balance observed in the Xiao (Lesser) Dongkemadi Glacier, in the central Tibetan Plateau. Hydrological Processes, 22(16): 2953-2958.

Pudasaini S P, Krautblatter M. 2014. A two-phase mechanical model for rock-ice avalanches. Journal of

Geophysical Research - Earth Surface, 119: 2272-2290.

Pudasaini S P, Miller S A. 2012. A real two-phase submarine debris flow and tsunami. AIP Conference Proceedings, 1479(1): 197-200.

Pudasaini S P. 2012. A general two-phase debris flow model: a general two-phase debris flow model. Journal of Geophysical Research-Earth Surface, 117 (F3).

Pudasaini S P. 2014. Dynamics of submarine debris flow and tsunami. Acta Mechanica, 225 (8): 2423-2434.

Qiao B, Zhu L, Wang J, et al. 2017. Estimation of lakes water storage and their changes on the northwestern Tibetan Plateau based on bathymetric and Landsat data and driving force analyses. Quaternary International, 454: 56-67.

Reeh N. 1988. A flow-line model for calculating the surface profile and the velocity, strain-rate, and stress fields in an ice sheet. Journal of Glaciology, 34(116): 46-55.

Riihimaki C A, MacGregor K R, Anderson R S, et al. 2005. Sediment evacuation and glacial erosion rates at a small alpine glacier. Journal of Geophysical Research, 110: F03003.

Roeoesli C, Helmstetter A, Walter F, et al. 2016. Meltwater influences on deep stick-slip icequakes near the base of the Greenland Ice Sheet. Journal of Geophysical Research - Earth Surface, 121: 223-240.

Rozanski K, Araguás-Araguás L, Gonfiantini R. 1993. Isotopic patterns in modern global precipitation. Climate Change in Continental Isotopic Records, 1-36.

Salzmann N, Kääb A, Huggel C, et al. 2004. Assessment of the hazard potential of ice avalanches using remote sensing and GIS-modelling. Norsk Geografisk Tidsskrift-Norwegian. Journal of Geography, 58(2): 74-84.

Scherler D, Bookhagen B, Strecker M R. 2011. Spatially variable response of Himalayan glaciers to climate change affected by debris cover. Nature Geoscience, 4(3): 156-159.

Schneider D, Allen S, Christen M, et al. 2008. Application of the RAMMS Model to recent and potential rock-ice avalanches in the Mount Cook Region (New Zealand). In Geophysical Research Abstracts, 10.

Schneider D, Bartelt P, Caplan-Auerbach J, et al. 2010. Insights into rock-ice avalanche dynamics by combined analysis of seismic recordings and a numerical avalanche model. Journal of Geophysical Research, 115: F04026.

Schweizer J, Jamieson J B, Skjonsberg D. 1998. Avalanche Forecasting for Transportation Corridor and Backcountry in Glacier National Park (BC, Canada). Voss, Norway: 25 Years of Snow Avalanche Research, 12-16 May: 1998.

Senthil S, Mahajan P. 2003. Avalanche initiation mechanism-a finite-element approach. Defence Science Journal, 53(1): 87-94.

Shangguan D, Liu S, Ding Y, et al. 2016. Characterizing the May 2015 Karayaylak Glacier Surge in the Eastern Pamir Plateau using remote sensing. Journal of Glaciology, 62 (235): 944-953.

Shangguan D, Liu S, Ding Y, et al. 2007. Glacier changes in the west Kunlun Shan from 1970 to 2001 derived from Landsat TM/ETM+ and Chinese glacier inventory data. Annals of Glaciology, 46(1): 204-208.

Shi Y, Liu S. 2000. Estimation on the response of glaciers in China to the global warming in the 21st century. Chinese Science Bulletin, 45(7): 668-672.

Smith E C, Smith A M, White R S, et al. 2015. Mapping the ice-bed interface characteristics of Rutford Ice Stream, West Antarctica, using microseismicity. Journal of Geophysical Research - Earth Surface, 120: 1881-1894.

Song C, Ye Q, Sheng Y, et al. 2015. Combined icesat and cryosat-2 altimetry for accessing water level dynamics of Tibetan lakes over 2003-2014. Water, 7: 4685-4700.

Sun W, Du W. 2014. Ablation modeling and surface energy budget in the ablation zone of Laohugou glacier No. 12, western Qilian mountains, China. Annals of Glaciology, 55(66): 296-305.

Tian L, Yao T, Gao Y, et al. 2016. Two glaciers collapse in Western Tibet. Journal of Glaciology, 63(237): 194-197.

Tian L, Yao T, Gao Y, et al. 2017.Two glaciers collapse in western Tibet. Journal of Glaciology, 63(237):194-197.

Tian L, Yao T, Li Z, et al. 2006. Recent rapid warming trend revealed from the isotopic record in Muztagata ice core, eastern Pamirs. Journal of Geophysical Research: Atmospheres, 111(D13).

Tong K, Su F, Xu B. 2016. Quantifying the contribution of glacier-melt water in the expansion of the largest lake in Tibet. Journal of Geophysical Research-Atmospheres, 121(11): 11158-11173.

Treichle D, Kääb A, Salzmann N, et al. 2019.High Mountain Asia glacier elevation trends 2003-2008, lake volume changes 1990-2015, and their relation to precipitation changes. The Cryosphere, 13: 2977-3005.

Vollmy A. 1955. Über die Zerstörungskraft von Lawinen. Schweiz Bauzeitung, 73(12): 159-162.

Walter F, Chaput J, Lüthi M P. 2014. Thick sediments beneath Greenland's ablation zone and their potential role in future ice sheet dynamics. Geology, 42(6): 487-490.

Walter F, Clinton J F, Deichmann N, et al. 2009. Moment tensor inversions of icequakes on Gornergletscher, Switzerland. Bulletin Seismological Society of America, 99(2A): 852-870.

Walter F, Olivieri M, Clinton J F. 2013. Calving event detection by observation of seiche effects on the Greenland fjords. Journal of Glaciology, 59(213): 162-178.

Walter J I, Brodsky E E, Tulaczyk S, et al. 2011. Transient slip events from near-field seismic and geodetic data on a glacier fault, Whillans Ice Plain, West Antarctica. Journal of Geophysical Research, 116: F01021.

Wan Z. 2013. Collection-6 MODIS land surface temperature products users' guide. ICESS, University of California, Santa Barbara.

Wang W, Yao T, Yang X. 2011. Variations of glacial lakes and glaciers in the Boshula mountain range, southeast Tibet, from the 1970s to 2009. Annals of Glaciology, 52(58): 9-17.

Wei J, Liu S, Guo W, et al. 2014. Surface-area changes of glaciers in the Tibetan Plateau interior area since the 1970s using recent Landsat images and historical maps. Annals of Glaciology, 55(66): 213-222.

Winberry J P, Anandakrishnan S, Wiens D A, et al. 2013. Nucleation and seismic tremor associated withthe glacial earthquakes of Whillans Ice Stream, Antarctica. Geophysical Research Letters, 40: 312-315.

Wu H, Wang N, Guo Z, et al. 2014. Regional glacier mass loss estimated by ICESat-GLAS data and SRTM digital elevation model in the West Kunlun Mountains, Tibetan Plateau, 2003-2009. Journal of Applied Remote Sensing, 8(1): 083515.

Xu B, Cao J, Hansen J, et al. 2009. Black soot and the survival of Tibetan glaciers. Proceedings of the National Academy of Sciences, 106(52): 22114-22118.

Yang R, Zhu L, Wang J, et al. 2016. Spatiotemporal variations in volume of closed lakes on the Tibetan Plateau and their climatic responses from 1976 to 2013. Climatic Change, doi:10.1007/s10584-016-1877-9.

Yang W, Guo X, Yao T, et al. 2011. Summertime surface energy budget and ablation modeling in the ablation zone of a maritime Tibetan glacier. Journal of Geophysical Research-Atmospheres, 116: D14.

Yao T, Thompson L G, Jiao K, et al. 1995. Recent warming as recorded in the Qinghai-Tibet cryosphere. Annals of Glaciology, 21: 196-200.

Yao T, Thompson L, Yang W, et al. 2012. Different glacier status with atmospheric circulations in Tibetan Plateau and surroundings. Nature Climate Change, 2(9): 663-667.

Yasuda T, Furuya M. 2015. Dynamics of surge-type glaciers in West Kunlun Shan, Northwestern Tibet. Journal of Geophysical Research, 120(11): 2393-2405.

Zahibo N, Pelinovsky E, Talipova T, et al. 2010. Savage-hutter model for avalanche dynamics in inclined channels: analytical solutions. Journal of Geophysical Research, 115: B3.

Zhang G, Yao T D, Shum C K, et al. 2017. Lake volume and groundwater storage variations in Tibetan Plateau' s endorheic basin. Geophysical Research Letters, 44: 5550-5560.

Zhang G, Yao T D, Xie H, et al. 2014. Estimating surface temperature changes of lakes in the Tibetan Plateau using MODIS LST data. Journal of Geophysical Research, 119:8552-8567.

Zhang G, Yao T, Xie H, et al. 2014. Lakes' state and abundance across the Tibetan Plateau. Chinese Science Bulletin, 59(24): 3010-3021.

Zoet L K, Alley R B, Anandakrishnan S, et al. 2013. Accelerated subglacial erosion in response to stick-slip motion. Geology, 41(2): 159-162.

Zoet L K, Anandakrishnan S, Alley R B, et al. 2012. Motion of an Antarctic glacier by repeated tidally modulated earthquakes. Nature Geoscience, 5(9): 623-626.

附录　野外科考队科考日志

附录 1　2017 年 8 ～ 10 月河湖源冰川科考队科考日志
附录 2　2017 年 12 月～ 2018 年 1 月阿汝冰川冰崩科考队科考日志
附录 3　2018 年 7 ～ 8 月阿汝冰川冰崩科考队科考日志
附录 4　2019 年 10 月阿汝冰川冰崩科考队科考日志
附录 5　2020 年 9 ～ 10 月阿汝冰川冰崩科考队科考日志

附录 1　2017 年 8~10 月河湖源冰川科考队科考日志

（分队长：邬光剑）

2017 年 8 月 23 日

部分队员已经到达拉萨。在国务院副总理刘延东现场宣读习总书记贺信并做了重要讲话之后，考察队员个个精神饱满，增强了科学使命感。今天，赵华标和朱美林乘坐赵阳和杨晓东的车，带有 3 个藏族临时工，前去杰马央宗冰川探路。我在拉萨与王盛一起，整理才东这几年的冰川观测记录，包括杰马央宗、卡西益卓冰川等。李久乐打来电话，通报了河湖源考察队的安全情况，传达了科考办公室的要求：①租车合同要注明安全；②位于副驾座的科考人员不能睡觉，要时刻协助司机，提醒司机可能发生的情况，全队人员要系好安全带。

2017 年 8 月 24 ～ 30 日

在拉萨等待，因为现在去阿汝村钻取冰芯，在时间上还是有些早，较高的气温将影响冰芯钻取。其间，赵华标等从杰马央宗回来，告知道路状况很差。

2017 年 8 月 31 日

考察队正式出发。第一批由赵华标率领，包括王盛、王平及 7 名临时工，三小车一大车，前往杰马央宗和纳木那尼开展冰川与径流观测工作。

2017 年 9 月 1 日

在拉萨，与朱美林一起购买物资，包括高山气罐和帐篷。野外三桥卡车年检有问题，需要修理，但我们无法等到那个时候，决定以科考任务为重，赶紧上路。当天通知然乌镇的第二批临时工出发到拉萨，在人员名单上有更换。

2017 年 9 月 2 日

整理物资，购买液化气。然乌镇的第二批临时工到达。

2017 年 9 月 3 日

装车，准备明天出发。接到徐柏青电话，明天下午要与北京部视频，因此决定我和 1 辆车留下后天再走，其余人员明天按计划出发。所有临时工和司机都签署了野外安全责任书，以备万一。

2017年9月4日

今天天气极好，两小车一大车出发，朱美林带队，司机王小龙、费发贵、吕合勋。在公寓门口送别他们。

下午与姚老师和老徐视频，开会讨论科考的事情。

厨师的边防通行证仍未办好，不管了，他自己明天去办，后天坐班车到阿里。队伍明天一早必定出发。

2017年9月5日

早上6：15从拉萨出发，晚上24：00点到帕羊。在日喀则买了两本书。小朱带领的车辆昨天到拉孜，今天到帕羊。我们追上了他们，同时到达，大车司机们都很惊讶我们的速度。厨师只能明天坐班车到阿里。晚上接到湖泊队王君波的电话，约好到圣湖玛旁雍错去看看，让人激动不已。

2017年9月6日

从帕羊到阿里。其中张小龙带车进杰马央宗营地，第一批出发的大车出来前往阿里，临时工也做了更换，换出洛松次列。西藏水文局的洛桑旺堆结束观测，随车到阿里，然后从阿里返回拉萨。

在神山脚下拐路到玛旁雍错看望王君波的湖泊队。终于乘舟到了圣湖中间，遂了一桩心愿。用圣湖水洗脸，喝圣湖水，见到了神山全貌。这下西藏的三大圣湖都进去过，下过湖。

在玛旁雍错，与王君波谈及科考党组织活动事宜。对于火线申请入党一事，应予以特别的考虑和支持。

17：20到达狮泉河镇，找宾馆，大车不让进城，只能住城边上的圣湖宾馆。又前往阿里冷库，联系冰芯存放事宜。晚9点，其余车辆到达，安排入住。

2017年9月7日

早起，前往地区林业局办理手续，办公室主任张天才积极支持，但因停电，不能办理手续。与阿里冷库实业陈老板联系，到时存放冰芯。下午新华社陈东君等来谈随队访问事宜。与地区行署王洪帅副秘书长（中科院天文台去挂职的）和日土县王荣华副县长电话联系，谈妥桶装油的手续事宜。晚上来电后，又赶去地区林业局办理手续。

2017年9月8日

前往日土县办手续，因交通管制，从狮泉河到叶城，全线晚上8：00到早上7：00才能放行，因此只能返回狮泉河镇。于是全队下午5：30出发。在拉梅拉检查站，三桥车因有些问题，于凌晨1：30才到达日土站。

2017年9月9日

全队在日土站等待。虽是周末，在日土县相关部门的支持下，仍然办好了加油和林业局的通行证。晚饭后全体车辆加满油，油桶也加满油。与陈东君商定，明早 4：30 出发。

2017 年 9 月 10 日

早上 4：00 起床，准时出发。到阿汝村时已是下午 15：30。见到扎西书记、拉巴次仁派出所所长。小朱安排卸车，我与张小龙等前去冰崩地点探路，发现冰崩扇已经强烈消融。因时间很晚，未能找到冰川末端的道路。明日再探。姚老师对教师节问候的回复就是“野外一定安全第一”！

2017 年 9 月 11 日

队伍分头行动。张小龙去打湖芯，我与小朱去冰川末端探路，新华社记者同行。途中两辆车都陷车不能自拔，幸好在附近有挖掘机修路，花钱雇车来拖。发现阿汝错南边的冰川适合做观测。之后到达预定的冰芯钻点的冰川末端，可在 5400m 处建大本营。

2017 年 9 月 12 日

天气不好，整个上午大雪。张小龙前去打湖芯，只能返回。我与小朱前去阿汝冰川探路，从 5400m 爬到 6150m 的冰川垭口顶部，选好打钻地点。上山路线中有两处地方地形陡峭，搬运物资会有严重的困难。新华社记者完成对我们的采访，准备次日回阿里。

2017 年 9 月 13 日

从阿汝村到冰川末端，建大本营（附图 1.1），立国旗、党旗和队旗。出发前接李

附图 1.1　在阿汝冰川建立大本营（背后的冰川的顶部为冰芯钻取点）

久乐通知，张永亮工程师（张工）即将从兰州出发，联系日土站蒲建友在阿里接机。

2017 年 9 月 14 日

分头行动。我与小朱带临时工背打钻物资上冰川，绞盘和发电机太重，临时工搬运起来也很吃力。张小龙前去打湖芯，回来太晚，派车去接。队上的安全由我负责，实在是责任重大。

2017 年 9 月 15 日

在冰川和湖泊作业时，不能回大本营吃饭，中午的伙食是个问题。大伙仍分头行动。除发电机外，冰芯打钻物资都运到了打钻点。部分临时工干活很好，有的则需要调整。下午 7：30，开车从大本营出发，回日土县接张工，次日凌晨 2：00 才到达日土站。

2017 年 9 月 16 日

在日土站，办理张工的边防证和车辆的加油手续。

2017 年 9 月 17 日

凌晨 4：00 从日土站出发，于中午 12：30 到达大本营。张工状态不错。天气不好，大风、下雪、有雷电。湖泊队任务中断返回。小朱昨天去南边冰川做物质平衡，工作进展不理想，只插了 5 个杆子。

2017 年 9 月 18 ～ 19 日

全体临时工前往冰芯打钻点，湖泊工作停一天。张工对钻点满意，估计有 80m 厚度。晚上 9：00 开钻。发现冰芯质量很好，冰层之间出现了粒雪层。整个晚上张工状况欠佳，估计是在大本营未能好好休息。在 19 日凌晨 7：15，张工无力再打，遂停钻，下山。下午带张工去阿汝村转转。

2017 年 9 月 20 日

下午张工再次前往打钻地点，晚上 9：00 开钻。与小朱谈及冰芯打钻的人员太少，后继乏人。此次打钻，冰芯在 55.3m 时透底，张工对冰芯质量非常满意。

2017 年 9 月 21 日

早上大风极强，队员在小帐篷都待不住，只能在打钻帐篷内歇息。风力更加强劲。在下午 5：30 时，大风将打钻帐篷撕裂，无法继续打钻，决定撤队下山。可惜了，还没来得及测钻孔温度（附图 1.2）。

2017 年 9 月 22 日

队员上山撤离物资，背冰芯下山。与小朱一起采集表雪样品。之后，我和小朱努

附图 1.2 阿汝冰川打钻营地照片（上图：18 日搭建打钻帐篷；下图：21 日帐篷被大风撕裂）

力把测温缆线放入钻孔，由于缆线头或是万用表故障，温度测量没有结果，遗憾！撤到 5900m 时，手机有信号，徐柏青打来电话，说姚老师希望坚持再打一根冰芯。但撤队已经进行，而且全部物资都搬运下山了，特别是持续的大风，使得在垭口处再搭建帐篷已无可能，又担心安全问题，遂决定到此为止。

2017 年 9 月 23 日

小朱前去南边继续冰川物质平衡观测，我在大本营整理物资，张小龙计划今日返回大本营。

2017 年 9 月 24 日

小朱前去冰崩扇观测消融强度。我去阿汝村东侧探路，希望绕过冰崩扇到达北部的冰川，但因道路不熟而半路返回。张小龙凌晨到达营地，带张工先撤回日土站。

2017 年 9 月 25 日

全体队员从阿汝大本营撤回日土站。同易朝路老师联系，他的学生出发前来，参加后面的古里雅考察。

2017 年 9 月 26 日

跟随运冰芯的大车去狮泉河镇，将冰芯放入冷库。与赵华标、徐柏青联系，等待赵华标过来，一起去古里雅。

2017 年 9 月 27 日

在狮泉河镇购物。临近国庆假期，各种手续都要尽快办理。计划让三桥车先过多玛检查站。晚上返回日土站，由张小龙将所有人身份证带到狮泉河镇办理边防证。

2017 年 9 月 28 日

张小龙下午回到日土站，之后出发再做湖泊观测。赵华标前往杰马央宗和纳木那尼，准备那边的撤队工作，之后将立刻返回日土站。

2017 年 9 月 29 日

安排大车前去杰马央宗，接应赵华标撤队。上午与小朱前去县林业局办通行证，还算顺利。下午安排三桥车前往松西。易老师学生前来。与北京联系，突然出一次野外，耽误多少事情！

2017 年 9 月 30 日

蒲建友带领去日土县办理其他人员的边防证。其余人员在日土站休息。

2017 年 10 月 1 日

今天国庆，仍在日土站等待。与台站人员一同去班公错观测。

2017 年 10 月 2 日

上午买菜，中午装车，下午出发，住松西。留下一辆车，由赵华标负责，次日出发，因为日土县王副县长对野外很感兴趣，希望与我们同去古里雅体验野外的艰苦生活，同时特别想了解古里雅那边的情况。

2017 年 10 月 3 日

早上 7：00 起床，早饭后出发去古里雅。半路上易老师的皮卡车水箱开锅，返回日土县修理。其余车辆继续出发，在半路陷车（附图 1.3）。赵华标带领王副县长一同

附图 1.3　大车在前往古里雅途中

从日土县赶过来，在陷车处追上我们。路途颠簸，一个冰柜被颠坏，不能使用。到达古里雅大本营时已经是晚上 8 点。仍在 2015 年的大本营扎营，只能喝些热水，来不及做饭。人多意见杂，要注意并作出决定。

2017 年 10 月 4 日

整理营地，准备物资。与王副县长一起，沿去新疆的路线进行考察，发现这里风沙活动特别强烈，是 2015 年考察时未见到的，应当是季节性的。冰芯粉尘的局地源看来需要重视。

2017 年 10 月 5 日

赵华标和小朱带队前往 6200m 的浅冰芯钻取点，运送物资，我带两车去找冰川边缘的老冰打钻点。终于找到一处海拔 5960m 处的冰川边缘，汽车可以直接开到这里，适合钻取老冰（附图 1.4）。

附图 1.4　越野车开到了海拔 5960m 处的古里雅冰川边缘

2017 年 10 月 6 日

与小朱上山，检查自动气象站（附图 1.5），并开展党组织安排的活动。安排杨晓东和费发贵开车，送王副县长回日土县。

2017 年 10 月 7 日

全体人员前往老冰钻点，钻取老冰。在海拔 6000m 处钻取了第一根冰芯，因老冰

附图 1.5　古里雅海拔 6000m 处的冰面气象站（外盖已经被大风刮飞了）

质地特殊，未透底。

2017 年 10 月 8 日

继续钻取老冰，第一根冰芯透底，34m 厚度。之后钻点往下挪，当日就钻取了两根透底冰芯，厚度 14m。小朱测量第一根钻孔的温度。杨晓东和老费返回大本营。

2017 年 10 月 9 日

继续钻取老冰。易老师学生前去采集冰碛物年代样品。

2017 年 10 月 10 日

继续钻取老冰。因冰芯钻机向下钻进困难（“不吃冰”），进展缓慢，只打了两根（附图 1.6）。易老师学生汇报，说这里的冰碛物序列不理想，可能与这里的冰期时冰川前进有关。

2017 年 10 月 11 日

继续钻取老冰，钻机仍不吃冰，进展还是缓慢。易老师学生今天就完成了任务，等待与我们一同出去。开始安排大部队的撤离。

2017 年 10 月 12 日

终于完成老冰钻取，共 17 根。现在是担心冰柜放不下这么多的冰芯，根源就在于有一个冰柜损坏。幸好带有蓝冰而且晚上气温低于 –10℃，损坏的冰柜在放入冻好的蓝

附图 1.6 古里雅冰川边缘老冰钻取

冰后也可以利用。

2017 年 10 月 13 日

今天把全部冰芯从钻点搬运到大本营。冰柜（包括损坏的那个）正好装下，还给浅冰芯留下空间。昨晚担心的冰芯装不下就成为多余。明天上到大平台，把浅冰芯一钻，就可以完成任务了。

2017 年 10 月 14 日

今天大雪。仍按计划与赵华标、小朱等前往海拔 6200m 的钻点，钻取了 17m 的浅冰芯。所带的冰样袋不合适，直径小于冰芯而不能用，最后想办法解决，将冰芯带回大本营，并装入冰柜。

2017 年 10 月 15 日

昨晚大雪。今天从古里雅撤到日土站。早上赵华标和小朱上山去下载自动气象站数据，我在大本营负责物资整理和装车。至 11：30 时，装车完毕，赵华标等也返回，一同撤离，出发到日土站。如果再晚一天，大雪会把道路全部盖住，无法出来。下午 5：00 到检查站，晚上 8：30 到松西，联系王县长和日土站。凌晨 12：30 到达日土站。

2017 年 10 月 16 日

早上向姚老师汇报了这次野外工作进展，很受鼓舞。又与徐柏青联系。终于可以回拉萨了！全体人员从日土站到达狮泉河镇。由于交通管制非常严格，大车根本只能停在城外，安排小朱和多杰守大车。这增加了许多困难。幸好可以接电，用于冰柜。又在狮泉河镇买了两个冰柜，装上了之前存放的阿汝冰芯。

与王副县长和王洪帅联系，表示感谢，可惜都未能见面。张工今天生日，大家一起庆贺。

2017 年 10 月 17 ～ 19 日

从狮泉河到拉萨，途中在帕羊和拉孜各住了一晚。看着大车上装满冰芯的 7 个大冰柜，整个野外考察中的各种问题、焦虑、困难和不愉快，都烟消云散了。我走在车队的最后，看管三桥车。赵华标先行一步，到杰马央宗还有事情，处理那里的观测工作。一路相当顺利。但到尼木检查站时，一辆车的发动机竟然坏了，到次日凌晨才背回拉萨。

2017 年 10 月 20 日

在拉萨整理冰芯和物资。晚上全体队员会餐，欢聚一堂。

2017 年 10 月 21 ～ 22 日

乘机回北京。赵华标和小朱留在拉萨，完成后续事宜，包括给临时工发工资。

2017 年 10 月 23 日

赵华标和小朱回北京。任务结束。

附录 2　2017 年 12 月 ~2018 年 1 月阿汝冰川冰崩科考队科考日志

（分队长：邬光剑）

2017 年 12 月 11 日

与安宝晟主任、何建坤研究员、王伟财副研究员一起，从北京飞往拉萨。路程顺利。

2017 年 12 月 12 日

上午大家讨论了向自治区政府和白春礼院长上报的关于阿汝冰崩考察报告的最终版本。下午购买装备，办理拉萨部饭卡，开具介绍信，办理通行证，打印科考报告。与司机和日土县王副县长联系。

2017 年 12 月 13 日

一大早，与安主任等前往拉萨机场，飞往阿里。飞机到达阿里上空后，机场就在下面，但因大风，不具备降落条件，又返回拉萨。这次免费旅行倒是值得，从空中好好地欣赏了高原的景色。

2017 年 12 月 14 日

再次飞往阿里，顺利降落。与日土县政协主席扎罗、地区国土局领导见面。下午到地区行署，参加由刘宏副专员及地区各相关部门领导进行的交流座谈（附图 2.1），包括国土局、交通局、水利局、水文局、气象局、发改委、农牧局、林业局、环保局等。安主任介绍了阿汝冰崩报告的主要内容，我与何建坤老师也汇报研究进展，并听取了地方意见，回答了对方提出的问题。刘宏副专员最后指出，阿里地方各部门要多与青藏所沟通联系，对冰崩进行预防预警预报，确保人民群众生命安全，并指出下一步的工作要点：①确定冰川分布范围（分为水资源和旅游资源），确定有可能发生次生灾害的区域（如冰崩导致的湖啸）；②建立预警体系，并开展预报，建立预警预报信息平台，利用电话等现代通信体系，直接由行署通知到相关的牧民；③通过中国科学院的影响力，在资金筹措、生态补偿、人员编制、平台建设等方面进行呼吁和支持。

2017 年 12 月 15 日

早上，在日土县政协主席扎罗的陪同下，我们前往西边的嘎尼冰川进行考察。该处的冰川末端为 5480m，具有 20 ～ 30m 的冰墙。但是冰川末端的表面沟壑纵横，人不能安全站立，不是一个合适的冰川表面运动速度（Geodec GPS）研究地点。但是冰川规模很大，上部积累区应当也具有相当的规模，值得进一步的研究。但因时间有限，只能粗略看了之后，便前往东边的阿汝村。在经过封冻的河面时，一辆车陷入冰窟窿中，左前桥损毁，不能行使。最后由狮泉河镇叫来的拖车背出去修理。国土局安排另外的

附图 2.1　与阿里地区行署相关部门负责人会谈

车辆前来接应。到达阿汝村时已是晚上 23：30。当晚住在阿汝村委会办公室。

2017 年 12 月 16 日

凌晨早起，前往阿汝冰崩现场，查看冰崩扇及可能的冰崩观测地点。第二次冰崩扇的末端未抵达阿汝错，可以从末端绕行，但北部的第一次冰崩扇挡住了去路，不能越过（附图 2.2）。发现第一次的冰崩扇基本上已经消融殆尽。之后，又与何建坤老师前往南边的冰川（9 月份考察时进行了物质平衡测量）进行踩点，认为这是研究冰震和冰川运动的一个理想地点，车辆可以开到冰川末端甚至山体中部。

阿汝村可以加油，这就为后续的考察队提供了极大的便利。晚上返回狮泉河镇。

与执行队长赵华标通话，他们大部队明天从拉萨出发，预计第三天到达狮泉河镇。

2017 年 12 月 17 日

上午安主任与王伟财乘机返回拉萨。与赵华标通话，讨论了相关考察队事务。

2017 年 12 月 18 日

前往阿里地区林业局办理相关手续。之后，前往日土县林业局办理保护区通行许可证，并与王副县长联系、见面。阿里站协助办理了通行证。

2017 年 12 月 19 日

在狮泉河镇等待大部队的到来。下午 17：30 到达，安排住宿与晚餐。所有队员状态整体上还可以，计划明天办理通行证。晚上与相关人员讨论了台站的观测问题。

附图 2.2　上图：阿汝第二次（50 号冰川）冰崩扇消融后留下的砾石（背后为依然残留的冰崩扇）；
下图：阿汝第一次（53 号）冰崩扇几乎已经消融殆尽

2017 年 12 月 20 日

上午先到噶尔县办事大厅开证明，再到地区边防支队办理通行证，还算顺利。

中午与扎罗主席见面，帮助我们联系了阿汝村的住宿等事宜。

晚餐时部分队员状态不好，有些感冒或高原反应。科考办公室打来电话，要交上次河湖源冰川的考察报告。

2017 年 12 月 21 ～ 22 日

上午购买蔬菜和肉食及大饼。装车后已经中午 12 点，仍然出发。部分队员因身体不适，留在狮泉河镇输液，明天再出发。

大部队下午 13：30 到达日土县，午餐后 15：20 出发，18：00 到达东汝乡。这一进度已经落后于计划。由于 8 月份考察队来过阿汝村，因此这次算是重车熟路。我坐在最后一辆越野车，跟随大车，压阵全队。从东汝乡出发后进入土路，这下大车出现故障，时速降到约 10km/h。按照这个速度，到阿汝村要 10 个小时以上，而且到达之前油料早就烧光了。行进了 20km 之后，终于失去耐心，把大车司机批评了一顿。继续前行 20km 后，前面的车辆不知道后面的情况，已经折回，因此全体又返回东汝乡，否则要在野外过夜，而户外温度已经低至 –18°，又不可能卸车搭帐篷。大车返回东汝乡时已是次日凌晨 3 点。在乡领导的关心下，我们住在乡政府接待室，有床，还算舒服。

大车已坏，必须重新找车，实在是郁闷至极。东汝乡倒是有车，却无油（大车烧柴油）。因此，只好前往多玛乡找车，而赵华标在日土县找车。在多玛乡遇见了阿汝村楚娘野保站站长布穷，给我们找到了两辆卡车，并保证当晚到达东汝乡，明天早上所有物资转车后就出发到阿汝村。

今天是冬至，从多玛乡给大伙带了蛋炒饭，都觉得是美味。

2017 年 12 月 23 日

早上与大车司机结清车费，涉及责任和费用，实在是费劲。阿汝村的两辆车也到达，随着装车。直到中午 13：00，所有车辆才从东汝乡出发，幸亏卡车开得也快，18：00 时抵达阿汝村。找到村委会领导和布穷站长，安排部分队员住村委会接待室，有牛粪炉火。其他人员住楚娘野生动物保护站宿舍，虽无炉火，但并不冷。相对于野外帐篷，条件已经是好得不能再好了。完成卸车后，搭建了伙房帐篷。今天算相当顺利。

2017 年 12 月 24 日

与何建坤老师一同去看北边的冰塔林冰川（附图 2.3），当地一个向导陪同。从阿汝村往西再向北，经美马错到达阿汝第一个冰崩扇的北侧。这里的冰川群规模宏大，很值得研究。其余人员在赵华标的带领下，留在阿汝村整理物资和观测仪器。

晚上姚老师打来电话，询问工作进展，并指出北边的冰川是观测的重点。冰塔林冰川的冰面不容易上去，且存在危险，可能做不了冰面 GPS 流速观测，但是观测冰震的短周期地震仪可以架设在冰川外围。

2017 年 12 月 25 日

每天 8：00 起床，9：00 吃饭，10：00 出发。全队兵分两路。我与裴顺平为一路，前往北边冰塔林冰川架设地震仪，何老师与赵华标为一路，前往南边冰川探路并架设 GPS。我们在北边冰川外围架设了两套地震仪（附图 2.4）。由于北边路途遥远，开车往返需要 6 个半小时，大部分时间都花在了路上，实际工作时间只有不到 5 个小时，因此进展缓慢。南边的工作进展也不快，因为大部分人手派往北边。

夜间温度太冷，低于 –25℃。如果在野外扎帐篷，估计人要冻出问题，那就只能撤队了。幸亏住在村子里！

附图 2.3　北部发育冰塔林的冰川，计划在此架设地震仪和自动气象站

附图 2.4　在北部的冰川外围架设地震仪

2017 年 12 月 26 日

仍分两路开展工作。在北边，发现之前认为的悬冰川其实并不“悬”，共有 4 个台地，冰面平滑，人可以横越冰面。目测这个冰川没有冰崩的可能，是开展冰川研究的一个理想地点。今天架设了两套地震仪。目前看来也就这工作速度了。南边的 GPS 进展缓慢有序，仪器设备都运到了山体中部。

由于阿汝村加油站管理人员要到县城办事，因此全部车辆加满油，另外还加了两大桶。自动气象站从拉萨运过来，明天达到狮泉河镇。安排车辆明天前去接应，顺便购买物资和补给品。

2017 年 12 月 27 日

一辆车前往阿里接应自动气象站，给司机交代好需要购买的物资。何老师随该车离队回京。

仍然分两路开展工作。北边由裴顺平负责，我与赵华标等前往南边。在南边冰川上，两套蒸汽钻都出现故障，不能正常工作。没有蒸汽钻在冰面打孔，GPS 和地震仪都将无法架设。最后决定用厨房的液化气作为燃料，再试试蒸汽钻是否能正常工作。于是提前返回村子。返回途中，一辆车的风扇断裂，打坏了水箱，需要从狮泉河镇派车来背回去修理。

2017 年 12 月 28 日

继续分两路开展工作。裴顺平继续在北边架设地震仪。赵华标在南边冰川实验液化气作燃料的蒸汽钻，发现效果很好。

晚上车辆带着自动气象站和各种物资返回村子，风扇和水箱损坏的车辆也被装上拖车，开往狮泉河镇进行修理。

2017 年 12 月 29 日

今天天气非常晴好。决定全体队员到南边冰川开展工作。在非冰川区架设了 2 台地震仪，在冰面上架设了 4 套 GPS（附图 2.5），工作进展非常顺利，队员兴致很高，为出队以来所未有。

2017 年 12 月 30 日

全体队员继续在南边冰川开展工作，完成了全部的 GPS 架设（天线、接收器、太阳能板等），在非冰川区架设了 3 套地震仪（附图 2.6），在冰面上架设了 1 套。一切顺利。计划明天去北边冰川，完成那里的工作。

2017 年 12 月 31 日

今天是 2017 年的最后一天。赵华标带队前往北边冰川，完成自动气象站和最后 2 套地震仪的架设。至此，在北边冰川共架设了 10 套地震仪和 1 套气象站。同时，在村子里联系大车将物资运到狮泉河镇，准备撤队工作。

发现自动气象站缺少 T200B 全降水配件。原来是没有从拉萨发过来。

2018 年 1 月 1 日

今天是 2018 年的第一天。上午天气晴朗，中午后转阴，并有小雪。

全体队员前往南边冰川，完成最后的工作。王为民等检测了架设的 8 套 GPS 仪。

附图 2.5　在南部的冰川上架设地震仪和 cGPS

附图 2.6　南部冰川上架设好的地震仪（近处：地震仪已埋入冰中，只有太阳能板出露）和 cGPS（远处：碟型天线、太阳能板和主机箱架设在冰面上）

其他人员在冰面共架设了 4 套地震仪。这样，在南边冰川，共架设了 10 套地震仪，其中非冰川区有 5 套，冰面上有 5 套，可以全方位地监测该冰川的冰震活动。

晚上回到村子，结清住宿费、加油费，再次确认大车，准备明天撤离。

2018年1月2日

昨晚气温降到了–29℃，为此次野外以来的最低点。如果继续待在这里，还会更低。

赵华标提前撤离，直接到普兰，去纳木那尼和杰马央宗取数据。吃过早饭，全队开始整理和收拾物资。装好大车后，却因温度太低，蓄电池没电，不能启动。最后找到村里的另一辆大车，用它的电瓶来发动。此时已经是下午15：00了，耽误了多少时间！

由于晚上12：00后道路将封闭，全体车辆快速驶向狮泉河镇。3辆小车在晚上12：30终于到达狮泉河镇，但卡车最终未能及时赶到，被挡在了检查站。

2018年1月3日

上午大车赶到狮泉河镇，立即联系当地货运公司，转移物资，发往拉萨。完成后已经是下午13：30，午餐后已经是14：30。如果今天出发，只能到帕羊，而那里已经没有住宿了，冬季都关门歇业。因此决定下午休息，明天一早出发，赶到拉孜，后天回到拉萨。

晚上与扎罗主席见面，感谢他的热心帮助。后期到阿汝村的工作，还需要他的支持和帮助。

2018年1月4日

今天可以回家了。全天都是赶路。全体队员精神饱满，早上7：00出发，13：30到帕羊并用午餐，15：30到萨嘎，赶到拉孜已是晚上11：00。

赵华标去杰马央宗取水位计，之后先行返回拉萨。

2018年1月5日

早上8：00从拉孜出发，下午4：00回到拉萨。立即卸车，整理物资。晚上全体队员聚餐，大家兴致高昂，气氛活跃热闹。

2018年1月6日

整理并晾晒物资。裴顺平等5人返回北京。

2018年1月7日

返回北京。赵华标留在拉萨，收拾物资，还有租车发票等事宜需要处理。

2018年1月8日

临时工离开。赵华标办理租车发票等事宜。

2018年1月9日

赵华标返回拉萨。此次考察全部结束。

附录3 2018年7~8月阿汝冰川冰崩科考队科考日志

（执行分队长：赵华标）

2018年7月13日

携带加托运一堆仪器设备，飞往拉萨，超重几十公斤。因为行李超多，只好找了两辆车到拉萨机场接我们。出发是叫了首汽约车的商务车，地质那边的老师乘坐商务车先走的，我和朱美林是打车的。当天到拉萨后感觉尚可，比上次要好。

2018年7月14日

昨夜雨未停，早饭后我们去采购，药王山铁皮箱、天海夜市附近百货、军需品商店。他们几个人回食堂吃饭，我继续采购。回所后，20：30左右去门口吃饭，遇大雨，全身淋湿。

2018年7月15日

朱美林去买煤气罐，我去办边防证，雨下个不停。我的天，好多人办旅游边防证，旅行社的人都拿着一摞摞的身份证在排队，看着上午办不完了，耐心排着队吧。一位旅行社的人跟我说话，告诉我非旅游的不用排队。我赶紧问工作人员，果然是。于是去窗口第一个办理，然后送回身份证，又去采购。下午16：30左右大车来了，开始装车。完了后20：00左右在门口吃饭，得知一学生不吃辣……

2018年7月16日

一早7：00出发，继续下雨。朱美林跟着大车，我去银行取钱。一司机看微信朋友圈，得知318国道仁布段滑坡路断。经商量后，我们改走羊湖—江孜—日喀则。到拉孜已是20：00过，大车到时已是21：00。

2018年7月17日

早上7：00出发，一路不停赶，到霍尔已是20：00，大车是22：30到的。今天一天赶了七百多千米。

2018年7月18日

继续赶路，8：00出发，巴嘎加油耗了好久，到狮泉河12：00。准备齐材料，下午4：30去林业局办手续。然后去办边防证，遇阻。政务大厅人员要我们发公函给他们或地区有接待单位。把我们推到边防支队。值班人员请示领导，领导说不知道我们这个单位，也要求发公函或者有接待单位。最后没办，值班人员说我们拉萨办的这个就可以用，因为边防证上写着“阿里各县”（以后再在拉萨办理边防证，务必写上阿里各县，这样在过多玛检查站是有效的，就不用在狮泉河再换办了）。我们返回住处。

晚饭，买肉，买食品，明天出发去日土县。

2018 年 7 月 19 日

早 8：00 出发，到日土是 10：40 多，准备材料立刻去办手续。林业局领导没在，有两个值班的人。阿里站蒲建有电话联系林业局长，值班人员联系森林公安负责人，同意开具证明。然后直奔商务局开加油证明，但又是没人在。我们试着直接去公安局看能否成。治安大队说得副局长签批，副局长说得书记签批，最后碰见政委给签字了（说明一下，好像是规定多少升以上的散装油签批需商务局，以下的直接公安局签批）。

下午加油，试发电机，发电机居然颠坏了。野外考察结束得好好维修一下了。傍晚时候见了一下两位副县长，一位是王荣华副县长（之前跟我们去过古里雅），一位是杨副县长。晚上收拾，准备明天出发（附图 3.1）。

附图 3.1　部分科考队员在阿里站合影

2018 年 7 月 20 日

早 7：30 出发，到多玛检查站耗时一个多小时。到东汝乡派出所又登记，一路下雨，还下冰雹，到阿汝村已是 21：30。村里登记，后来了一位团委书记，对我们考察提了一些注意事项，比如有人私自捡石头带走啊，为什么不雇用我们村的藏民啊，为什么前几天刚有人来过现在又来啊……（这是我第一次来阿汝村野外考察，之前什么事什么情况我是不知道的），不过最后商谈好了。晚饭没办法整了，就在一村民家里吃泡面（我是不吃泡面的，以前吃多了，现在闻到泡面味都受不了，吃了几片饼干）。

2018 年 7 月 21 日

一早喝完水，出发去看路况。下雨，找不到路就下车徒步找，衣服湿透了。最后靠 GPS 找到了路，然后又去了冰崩现场，回来已是六七点了，饿坏了。到村里，看到他们留守的几个人在吃挂面。他们吃完，我们开始卸车扎营（此次省略若干个字）。

晚饭由司机做了米饭+青椒炒蛋，我是第一个打饭吃的，饿了不止一天啦。

2018年7月22日

我5：50起床，叫司机起来做饭。裴顺平老师说学生咳嗽严重，得送出去。早饭后，安排车辆，裴老师和王信国一起送学生出去，带了一罐氧气。我们去干活，放飞无人机。因为海拔高，今天的风速风向也不稳定，飞机起抛多次未成，摔坏螺旋桨，也有阵风吹落无人机等意外发生。最后摔坏一台无人机，机翼也再没完好的可用了，用透明胶带粘了还能凑合用。回来时已是22：00过了。吃饭，收拾，休息。

裴老师来电话说学生肺水肿不严重，说可以自己一个人乘机回京。

2018年7月23日

今天无人机飞第一个冰崩冰川的上部，损坏两个螺旋桨。正打算飞完冰川留着最后一个螺旋桨飞观测物质平衡的那个冰川呢，哪想到降落时撞到信号杆，机体撞坏了……无语了。回来路上，下载气象站数据。今天放晴，冰崩扇区融化特别厉害，到处都是冲沟流水（附图3.2）。

附图3.2　冰崩扇区无人机航拍现场

2018年7月24日

出发路上，那辆城市越野车轮胎扎破了，我们皮卡车走了好远，又返回来找他们。到了冰崩区已经11：50。分开插花杆，完工后已是下午2：00。到气象站那维护雨量筒，然后就地吃饭，他们方便面，我是饼干。下午去冰川那找测流点。回来路上，那个车轮胎又扎破了，只好换备胎，折腾了好久才卸下来。到村里发现皮卡车又被扎破了一个轮胎……

团委书记来收住宿费，又说明天林业局长来检查，让我们整理房间打扫卫生。每次来收钱的人都不一样。

今天在冰川上跳着过了几个裂隙，膝关节疼得很，真的废了，鹅足滑囊炎，出发前看医生时建议我休息，说休息是治疗膝关节毛病的关键。我说开点药我就得去野外了，哪能休息……

2018年7月25日

早上起床，下雨。吃完早饭等雨停，10：00多时出发，未到目的地又开始下雨，山上一片大雪，上去后找不到方向，云雾很大。于是决定返回，到山下商量暂停着等待天气转晴与否。于是待在车里，各自忙活自己的事，睡觉的，聊天的，玩手机的，我眯了会然后看书。大家都饿了，于是分食方便食品，一直等到下午2：00，裴老师说再上去看看。三辆车掉头向上，到了顶上，天气稍微转好，分头行动。裴老师带人去侧碛检查仪器，我带着王卫民老师等人去冰面检查他们的仪器。膝盖确实不行了，明显感觉疼得很。到了冰面，第一台仪器倒了，仪器也没工作。冒着大雪去检查第二台，也是不工作，卸下仪器返回。裴老师那边仪器五台有三台正常工作。

返回村里，加油，去见村长（后来得知他并不是村长，是那个团委书记的父亲，到现在我都没见过村长是谁），村长意思是能否告知冰川变化状况，村民不敢在冰川下面草场放牧（感觉我们压力很大啊）。

2018年7月26日

早上下雨，一小车出去送无人机工程师，顺带接邬光剑老师和何建坤老师进来。两小车送人上山，皮卡车再回来接剩余4人。后来听说皮卡车在去程发现轮胎被钉子扎了，路上补了好久。下午到冰面带王卫民等人看了他们仪器，发现全部有问题。朱美林带人上冰面插花杆。6：30左右，乌云卷来，雷鸣阵阵，瞬间下雪，下山途中衣服就湿了。

2018年7月27日

三辆车全部出发，何老师高反休息，16人去冰川干活，分成三组，临时工每组2人（附图3.3，附图3.4）。我和朱美林加两个临时工去测厚，冰面上的流水真厉害，到处积水，在冰川上趟水过河也真是不可多见……天气也忽好忽坏，腿疼得厉害，也只能坚持吧。积水多，测厚很难办。晚上在村里加油，先给临时路过住宿一晚的李治国等人加油，然后是我们的车，耗时好久。

2018年7月28日

一早李治国来电话说他先走了，因为夜里高反厉害，也没过来吃早饭，他队伍里的其他几个人倒是过来吃了点。

我们出发去干活，裴老师等人带了2个临时工，何老师等人带了1个，我和朱美林

附图 3.3　冰面连续 GPS（cGPS）维护

附图 3.4　冰川测厚工作

带了 3 个。我们组先直接走到昨天放东西的冰面，已是 12：00，先吃点东西然后干活，此时天气又变了，满是云雾，看不清方向，凭感觉开始测厚前进，走着走着不知道该往哪里走。大家系着绳子去探路，走了一段，视野中看不见任何物体，担心出事，不敢再走，原地待着等着云雾散去后才发现我们测厚路线走了个半圆（应该测直线的）。

一直往垭口方向前进，风雪越来越大，雪也越来越深。在风雪中一步步测厚，恐怕只有我们了，雪没过膝盖深。返回测厚工作，路线走偏了，因为考虑冰面河缘故，到 17：30 左右，朱美林说要不测到 19：00 结束吧，不然明天还得上这么高。到 18：00 时突然打雷下冰雹，于是决定结束，但此时已看不清方向，凭印象走，走到冰面河中，不敢让大家再走，看了 GPS，离测厚路线 100 多米，于是直接向原测厚路线靠拢，但要越过一个冰面河，幸好河水不深，最后找到路线顺着原路脚印下到冰川末端。三个临时工在侧碛上等着我们……（感动！）

今天冰面工作有一插曲，冰面上有一动物向我们靠近，吓坏我们了，不知道是什么，最后停停看看掉头走了。

2018年7月29日

今早分两拨，邬老师、裴老师等人一辆皮卡车去北边的冰川末端观测，我们继续南边的冰川工作。今天天气尚可，风倒是很大。王卫民等人维护最后一个点的GPS。我和朱美林继续测厚，裂隙很多，干到下午6：00还没完，明天继续。邬老师等人回来后，说尼玛江村碰见熊了，两只熊，吓得瘫坐在地。搞得我们不敢去北边冰川观测了……

2018年7月30日

邬老师、裴老师继续去北边冰川观测，大家互相提醒：熊出没，请注意。何老师和王卫民去冰崩现场；我和朱美林继续测厚。今天是这次野外以来第一天没有下雨雪，但是风很大很大，这个冰川还是没测完，明天继续吧。

2018年7月31日

邬、裴、薛离开，何等人去检查仪器，赵、朱测厚。完成第一条冰川，开始第二条冰川，邓珠负责插花杆。第二条冰川相对较小，但到了顶部海拔5900m处裂隙很多。

2018年8月1日

王卫民、王信国、林晓光维护仪器。赵、朱测厚。今天雾很大，到了测厚点已是11：00了，到了下午融水厉害得很，测的结果不太好（附图3.5）。邓珠插花杆，结束后又把王等人仪器的废旧蓄电池背下来，还挺沉。计划明早5：00出发去测厚，其他人离开阿汝，今晚就装好车了。

2018年8月2日

早5：00起床，去冰川测厚。其他人先行离开。到山脚下已是6：47，喝了一支

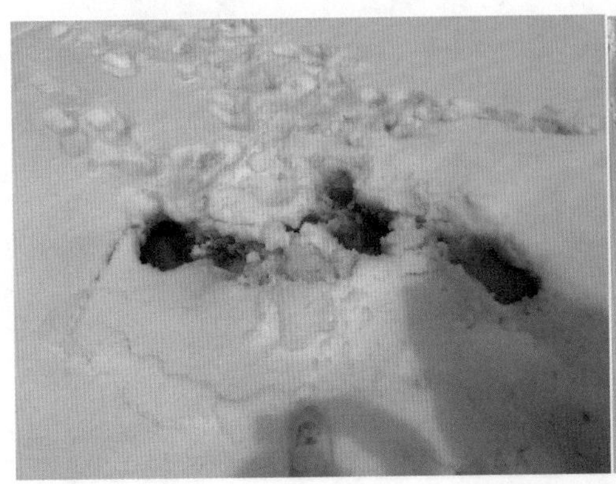
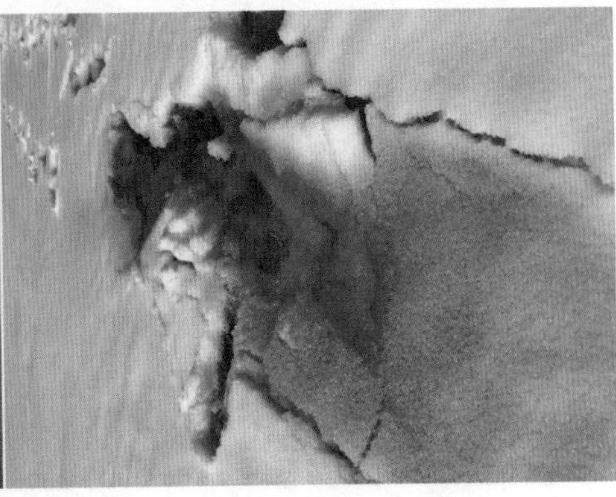

附图3.5　冰面融水

葡萄糖，上山（附图 3.6，附图 3.7）。到工作地点 7：30。一直干到 12：00 结束，回到村里再找村委会开相关收据。出去的路上帮类延斌放了一个水位计，到阿里站是 22：00 多，又去洗澡，再回来睡觉是凌晨 2：00 多。

附图 3.6 凌晨去测厚

附图 3.7 东汝冰川末端（注意人的大小）

2018年8月3日

去东汝冰川探路，冰川陡得很，找不到攀爬上去的地方。回来路上下载了气象站数据。回到站上凌晨1：40，睡觉4：00多。

2018年8月4日

出发去热帮乡，计划观测大昂龙冰川。

2018年8月5日

早5：00出发，到达冰川末端7：00多。吃了干粮，8：00上山。到达冰川干活时9：00，干完工作14：30。下山开始下冰雹，落地即化，衣服湿透。回来途中下载气象站数据，维护了气象站。

2018年8月6日

早上起床，大风呼呼的。出发时大雨哗啦啦。到大昂龙冰川倒是没再下了，上山干活。下午2：00下雪，冒着风雪干到5：30，蓄电池没电了，回来，加油，吃饭。住下时已是23：00。明早继续。

2018年8月7日

一早继续去测厚，下午4：00收工。到乡上6：00多，收拾，回站上。

2018年8月8日

早7：00出发到狮泉河，朱美林等4人坐大巴。我计划带人去杰马央宗和玛旁雍错周边取水位计。到霍尔乡发现河水很大，河岸塌了，根本找不到水位计。放弃，回程。晚上赶到萨嘎，因为萨嘎去拉萨方向，有一段路水淹，大巴晚上不敢再走，全部各自找住宿。我们跟朱美林等人联系上之后一起住下。

2018年8月9日

萨嘎一早出发，大家排队过淹水路面，有的车就陷着走不了了。我们还不错，过来了，然后绕道走羊湖到拉萨时0：10。洗漱，收拾，记账，睡觉。

2018年8月9～13日

维修仪器和设备，晾晒、整理、归类存放物资。野外结束，于8月13日全部返程。

附录4　2019年10月阿汝冰川冰崩科考队科考日志

（执行分队长：赵华标）

2019年10月13日

经过几天的准备，清点库房物资，科考办借用物资，补充物资，终于整完所有准备工作。下午装车完毕，计划明早7点集合出发。今晚要早睡，明天跟车赶路可不能瞌睡。希望一切顺利。

2019年10月14日

早7点出发，三辆皮卡车，我乘坐那个最新手的车，主要为了其他人考虑吧，我得时不时提醒着。当晚21点多到达萨嘎住宿。

2019年10月15日

早8点出发，到达狮泉河镇为19点多，还算早，一路也很顺利。

2019年10月16日

阿里地区林草局办理手续，下午16：30左右拿到盖章手续文件。菜市场买菜，盘算着第二天日土办完手续，然后第三天进山。当晚到达阿里站，简单面条当作晚饭，把电热毯让给裴老师等三人及邬老师学生李斐，夜里把我冻得没睡好。

2019年10月17日

早上六点多我就起床了。早饭后去县林草局办手续，却赶上县里举办赛马会，都去观赛了。联系局长，说尽可能协调。下午在林草局有个值班的汉族小姑娘（后来知道名字叫吴曼曼），她帮忙联系了办事人员，给办好了进保护区的手续。然后我们又去了公安局办理加油手续。还不错，一切终于办妥，明天进山准备干活。祝一切顺利！顺祝生日快乐……

2019年10月18日

早早起床出发，哪晓得到班公湖附近时车坏了一辆，没辙，返回准备换车，又遇环湖自行车赛，封路。时间赶不及了，只好第二天再出发了。

2019年10月19日

7点早饭，7点半出发。今天很顺利，下午14：30到达阿汝村。村委会没人在，林业保护站有值班人员，开始不同意我们借住，后来协商好久，他们跟领导联系后同意我们住下。卸车，收拾，做饭。风很大，希望给一周好天气，让我们完工。

2019年10月20日

7点半吃饭，然后收拾，出发也晚了。到山下再整理东西，开始上山都不知道几点了。走了一段，想起要给高杨架自动拍照相机，于是在一块大石头边上给安装了一个，土块冻得根本挖不动，用石头垒了起来。但是第二处必须挖坑，一点挖不动，暂时搁置。到达气象站时，电脑开机，然而新电脑在低温下直接显示零电量。冰面干活，雪深，风大，冷。冻的很，水没喝，食品没吃，干完今天任务已是18点，到达停车处，又想起挖坑，用煤气罐加喷灯，都不管用，只好作罢。

2019年10月21日

因为昨晚提前收拾好，今早吃完饭就出发了。到冰川那天亮刚一会，我带三个人直接去冰川垭口，完成高处物质平衡观测的活。天气不好，雪又深，最终走了五个小时到达垭口。花杆被埋了好多，气象站也快埋了(附图4.1)。补花杆，维护气象站。左膝的滑囊炎又犯了，疼死我，明天不知道咋样。

附图4.1　阿汝14号冰面气象站

2019年10月22日

今天完成阿汝14号冰川工作，才发现冰川上还有大裂隙呢(附图4.2)。下午3点多回到汽车营地，然后找了好多牛粪，加点汽油点火，想着能不能烤一下地面以便挖坑，烧了半天都没效果，遂放弃。

2019年10月23日

昨夜刮了一夜大风，还想着白天会不会没风，哪想到一天风没停，而且还挺大。

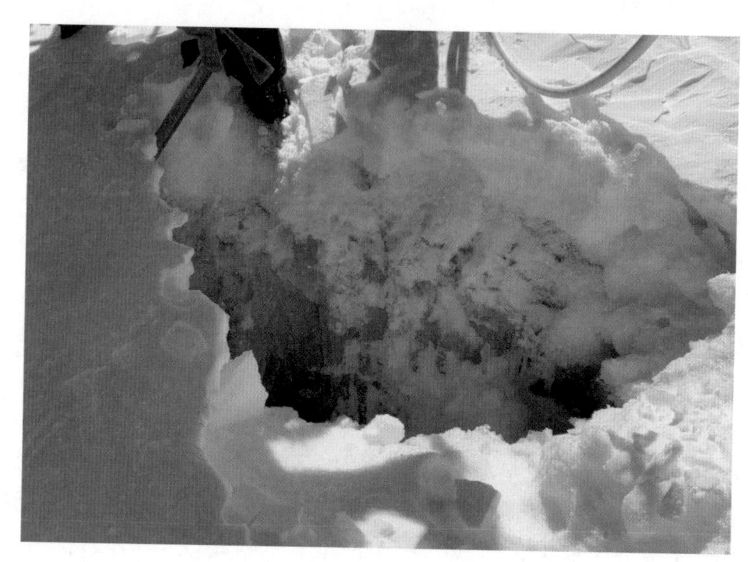

附图 4.2　阿汝 14 号冰川上的裂隙

今天把 13 号冰川的花杆观测完毕并补充新杆。晚上时需要加油，去牧场把管理员接回来时已经 23 点过了，加了一半时油库没油了……

2019 年 10 月 24 日

算了算油料，基本差不多能够。于是，仍分为三拨，裴老师去北侧冰川末端维护地震仪，他的学生和王卫民老师去阿汝 14 号冰川维护连续 GPS 设备，我去冰崩处飞无人机。因为没有经验，无人机飞行任务距离太远，途中耗电厉害，拍了两段航线后赶紧执行降落。后来发电机拉不着，错过了小风时间，后来风太大，不敢再继续飞行。其后，安装了积雪拍照相机 (附图 4.3)，下载了气象数据。裴老师他们完成工作时回来已经很晚，一直担心着，他们拿着卫星电话也没联系我们。

附图 4.3　安装的积雪拍照相机

2019 年 10 月 25 日

撤出阿汝，返回阿里站，并当晚送裴老师等人到达狮泉河。阿汝科考结束(附图 4.4)。后续我将带着几个人完成专项 A 的其他任务。

附图 4.4　收队时科考队员合影

附录5 2020年9~10月阿汝冰川冰崩科考队科考日志

（执行分队长：赵华标）

2020年9月27日

狮泉河会合何老师、裴老师等人。晚上整理好所有证件信息，打印，以便明天办理林草局手续。

2020年9月28日

上午狮泉河办理手续，中午吃碗面就出发，下午急忙办理日土相关手续。林草局办理很顺利，得亏吴曼曼协助办理。在办理加油手续时，先跑商务局应急办备案，晚上8点在公安局等到加班的副局长给签了字。

2020年9月29日

一早卸车，装车。10点半去加桶装油，然后装车，合影(附图5.1)后出发时已经12点多。多玛午饭，晚上7点多到达阿汝村。协商住宿，晚饭挂面，很晚得以休息。

附图5.1　出发时科考队员于阿里站合影

2020年9月30日

类延斌等人去了美马错方向。我们去冰川干活，发现冰面融化的一塌糊涂(附图5.2)。冰川上风很大，冰面很滑，何老师摔了一跤，我一直到下山才知道，手腕肿得厉害。回到村里后，我让泽旺江村和尼玛江村开车送何老师出去到阿里人民医院检查治疗，给了卫星电话，一再嘱咐两个人换着开车，互相说话，不能瞌睡。

附图 5.2　强烈消融的冰面

2020 年 10 月 1 日

凌晨 4：30 左右，王洵有肺水肿迹象，于是商量让赵平老师的车辆早点出去，送王洵去医院。我们继续干活，阿汝 14 号冰川物质平衡观测和气象站维护。

2020 年 10 月 2 日

今天完成阿汝 13 号全部物质平衡花杆观测，并补充测杆。

2020 年 10 月 3 日

再上阿汝 14 号冰川维护冰面的连续 GPS 仪器。维护末端雨量桶和冰崩处自动拍照相机。裴老师等人去北侧冰川末端维护地震仪。

2020 年 10 月 4 日

维护阿汝 14 号冰川连续 GPS 仪器。因冰川消融和流动，仪器倒伏 (附图 5.3)，挖出后重新架设 (附图 5.4)。裴老师继续去北侧冰川完成工作。今天全部完活。

附图 5.3　倒伏的连续 GPS 仪器

附图 5.4　重新架设的连续 GPS

2002 年 10 月 5 日

早 9 点撤出阿汝村，下午 3 点到达日土。